J. A. Dembo

Das Schächten im Vergleich mit anderen Schlachtmethoden

Vom Standpunkt der Humanität und Hygiene beleuchtet

J. A. Dembo

Das Schächten im Vergleich mit anderen Schlachtmethoden
Vom Standpunkt der Humanität und Hygiene beleuchtet

ISBN/EAN: 9783743318328

Hergestellt in Europa, USA, Kanada, Australien, Japan

Cover: Foto ©berggeist007 / pixelio.de

Manufactured and distributed by brebook publishing software
(www.brebook.com)

J. A. Dembo

Das Schächten im Vergleich mit anderen Schlachtmethoden

Das Schächten

im

Vergleich mit anderen Schlachtmethoden.

Vom

Standpunkte der Humanität und Hygiene

beleuchtet

von

Dr. med. J. A. Dembo,

Arzt am Alexander-Krankenhaus in St. Petersburg.

Leipzig.

Slavische Buchhandlung

H. Roskoschny.

1894.

Herrn Professor

Emil du Bois-Reymond

in Verehrung

zugeeignet.

An Herrn

Hofrath Dr. Dembo

z. Z. in Berlin.

Sehr geehrter Herr!

Mit lebhaftem Interesse habe ich von Ihrer Schrift, deren Druckbogen Sie mir zugesandt haben, Kenntniss genommen und freue mich bezüglich der Schlachtfrage mit Ihnen in der Hauptsache vollkommen übereinzustimmen. Wie ich in einem Gutachten über die beste Schlachtmethode auf Grund von vergleichenden Beobachtungen und Experimenten im Laboratorium und Schlachthaus erklärte, ist das von den Israeliten mit bemerkenswerthem Erfolge geübte „Schächten" allen anderen Tödtungsarten vorzuziehen, weil es von allen die sicherste und schnellste ist, die Thiere dabei am wenigsten Schmerz empfinden und die Entblutung am vollständigsten vor sich geht. Nachdem Sie nun auf Grund von mehrjährigen ausgedehnten eigenen Untersuchungen nicht allein zu eben jenem Ergebniss gelangt sind, sondern auch die praktisch sehr wichtige Thatsache durch genaue Versuche festgestellt haben, dass in hygienischer Hinsicht das Fleisch der geschächteten Thiere das anderer weit übertrifft, haben Sie sich ein unbestreitbares Verdienst erworben, zu dem ich Sie aufrichtig beglückwünsche.

Ich bin zu wenig mit der Geschichte des Judenthums und dem jüdischen Ritus bekannt, um zu verstehen, weshalb an dem letzteren mit erstaunlicher Zähigkeit seit Jahrhunderten festgehalten wird, dass aber diese Consequenz physiologisch durchaus berechtigt erscheint, den humanen Bestrebungen des Thierschutzes besser entspricht, als das unsichere Verfahren der christlichen Metzger, und das Wohl der Nation mehr zu fördern geeignet ist, als dieses — das haben Sie bewiesen. Wenn Sie meinen, dass diese Anerkennung Ihrer gründlichen und mühevollen Arbeit derselben zur Empfehlung dienen und die Verbreitung Ihrer, wenigstens im ersten Theile auch dem Laien leicht verständlichen Schrift begünstigen kann, so steht der Veröffentlichung derselben nichts im Wege.

In vorzüglicher Hochachtung

Professor Dr. W. Preyer

v. d. Univ. Berlin.

Wiesbaden, 20. Januar 1894.

Inhalt.

Vor etwa drei Jahren wandte sich der Centralausschuss der russischen Thierschutzvereine in St. Petersburg an mich mit dem Ersuchen, für den am 21. Januar 1891 in St. Petersburg tagenden Kongress sämmtlicher russischer Thierschutzvereine ein Referat über die verschiedenen Schlachtmethoden zu übernehmen. Ich entsprach dieser Aufforderung. Die von mir und einigen anderen Theilnehmern des Kongresses erstatteten Referate hatten zur Folge, dass der Kongress der russischen Thierschutzvereine beschloss, eine Spezial-Kommission zur Auffindung der besten Schlachtmethode einzusetzen. Diese im October 1892 constituirte Commission, welche aus Professoren der Physiologie und Thierarzneikunde bestand und der auch ich als Mitglied angehörte, hat vier Monate hindurch ihrer Aufgabe sich gewidmet, die Frage nach allen Seiten, sowohl theoretisch als praktisch im St. Petersburger Schlachthause geprüft und namentlich die jüdische Schlachtmethode, das „Schächten" zum Gegenstande eingehendster Untersuchungen gemacht. Obgleich nun die Arbeiten der Kommission bereits längst abgeschlossen sind, erschien mir die Frage doch so ernst und wichtig, dass ich weiter fortfuhr, mich mit derselben zu beschäftigen, und sogar eine Reise in's Ausland unternahm, um die in den Schlachthäusern Deutschlands, der Schweiz und anderer Länder gebräuchlichen Tödtungsmethoden zu studieren.

Die Ergebnisse meiner im Laufe dreier Jahre sowohl in den verschiedensten Schlachthäusern als auch im Laboratorium angestellten Untersuchungen und Beobachtungen, sowie ein geschichtlicher Ueberblick über die Entwickelung der Schlachtfrage seit den fünfziger Jahren sollen in einem demnächst erscheinenden grösseren Werke niedergelegt werden. Allein Angesichts der von fast sämmtlichen Thierschutzvereinen Deutschlands, der Schweiz und anderer Staaten in Scene gesetzten Agitation, welche sogar vor der ungeheuerlichen Forderung nicht zurückbebt, dass die jüdische Schlachtmethode ge-

1

setzlich verboten werden solle, glaubte ich, die wichtigsten Resultate meiner Untersuchungen schon jetzt in gedrängter Kürze der Oeffentlichkeit übergeben zu sollen, um jedem gebildeten Laien ein Urtheil darüber zu ermöglichen, welcher Schlachtmethode in Wirklichkeit der Vorzug zu geben ist. Diejenigen, welche sich für die wissenschaftliche Erörterung dieser Frage mehr interessieren, verweise ich auf meine bereits im Druck erschienenen, in der St. Petersburger medicinischen Gesellschaft am 1. und 15. December 1892 gehaltenen Vorträge über das Thema: „Die anatomisch-physiologischen Grundlagen der verschiedenen Schlachtmethoden."

Trotzdem die vorliegende Schrift das Thema bei weitem nicht erschöpft, habe ich ihre sofortige Veröffentlichung aus den Eingangs erwähnten Gründen dennoch für nothwendig erachtet, damit jeder Unbefangene sich überzeugen kann, wie weit die Bestrebungen der sogenannten Thierschützer geeignet sind, das Loos des Schlachtthieres thatsächlich zu verbessern.

Die Entscheidung der Frage, welche unter den verschiedenen Schlachtmethoden den Vorzug verdient, ist meiner Ansicht nach durchaus nicht so leicht, als dies im ersten Augenblicke erscheinen könnte. Ueber die Vorzüge der einen oder der anderen Methode kann nicht, wie das leider bisher üblich war, der erste Beste ein Urtheil fällen, hierfür sind gründliche Kenntnisse sowohl auf dem Gebiete der Thierarzneikunde, als auch der Physiologie erforderlich, und müssen ferner die Erfahrungen der Chirurgie und der Klinik zum Vergleiche herangezogen werden. Daher kommt es, dass sogar die Gutachten mancher bedeutenden Physiologen, trotzdem dieselben diesen Gegenstand auf's Vollkommenste beherrschen und im Wesentlichen übereinstimmen, dennoch hin und wieder eine Lücke aufweisen, welche bei sorgfältigem praktischen Studium der Frage im Schlachthause selbst zu vermeiden gewesen wäre.

Die Veterinärärzte und Schlachthaus-Direktoren dagegen sind einerseits so sehr von ihren Pflichten in Anspruch genommen, dass es ihnen nicht möglich ist, stundenlang die Begleiterscheinungen der einen oder anderen Schlachtmethode zu beobachten, andererseits fehlt manchen von ihnen auch die erforderliche Vorbildung in der Physiologie, um diese Erscheinungen richtig beurtheilen zu können.

Entschuldigend für die Veterinärärzte ist freilich die Thatsache, dass weder die Physiologie, noch die Thierarzneikunde die Schlachtfrage speciell behandelt, was sich wiederum leicht erklären lässt: die Aufgabe der Physiologie besteht darin, die Lebenserscheinungen in einem durchaus gesunden Organismus zu erforschen und zu erklären; die Pathologie beschäftigt sich mit den krankhaften Veränderungen desselben: von dem Momente ab, wo der tödtliche Schlag gegen den Kopf des Thieres geführt, oder ihm die Halsgefässe durchschnitten werden, kann sich die Physiologie mit diesem Organismus selbstverständlich nicht mehr beschäftigen, während auch die Pathologie kein Interesse daran hat, es zu thun, da ja nach wenigen Minuten der Tod eintreten muss. Bei oberflächlicher Beurtheilung erscheint es in der That überflüssig, Zeit und Mühe und materielle Mittel zu vergeuden, um die Lebenserscheinungen eines Organismus zu studieren, der nach 2—5 Minuten ohnehin nur noch eine leblose Fleischmasse darstellen wird. Nur so konnte es geschehen, dass sogar hervorragende Autoritäten der Thierarzneikunde nicht mit völliger Sicherheit anzugeben vermochten, welche Theile des Gehirns beim Nackenstich verletzt werden.

Bei den Studien, welche ich während der letzten Monate in den deutschen und schweizerischen Schlachthäusern gemacht, habe ich wiederholt Gelegenheit gefunden, einige Veterinärärzte dieser Anstalten auf solche Erscheinungen bei den verschiedenen Schlachtmethoden aufmerksam zu machen, dass sie selbst erstaunt waren, dieselben während ihrer vieljährigen Praxis nicht bemerkt zu haben.

Obgleich ich drei Jahre lang diese Frage sowohl in den verschiedensten Schlachthäusern, als auch im Laboratorium speciell studiert und erforscht, obgleich ich vier Monate hindurch in Gemeinschaft mit den Mitgliedern der vom St. Petersburger russischen Central-Thierschutzverein ernannten „Kommission zur Auffindung der besten Schlachtmethode" die Frage allseitig erörtert, obgleich ich Wochen und Monate im Schlachthause zugebracht und annähernd 4000 Schlachtfälle beobachtet habe, hat mir doch jeder erneute Besuch des Schlachthauses noch immer eine neue Seite der Frage offenbart.

I. Die Schlachtfrage vom Standpunkte der Humanität.

Prüft man die vorliegende Frage ganz allgemein, so kommen nur zwei Kategorieen von Schlachtmethoden in Betracht:

1. Die unmittelbare Blutentziehung vermittelst Durchschneidung der Halsschlagadern und der übrigen Halsgefässe (die sogenannte jüdische Schlachtmethode), und

2. Die vorherige Betäubung des Schlachtthieres, welche von den Thierschutzvereinen gefordert wird, um dem Thiere den angeblich bei der Durchschneidung des Halses verursachten Schmerz zu ersparen. Diese Betäubung wird auf verschiedene Weise angestrebt: in dem einen Schlachthause durch einen mit einem eisernen Hammer auf den Kopt des Thieres geführten Schlag; in anderen durch eine Maske mit eisernem Bolzen, der durch die Stirn in's Gehirn getrieben wird, oder durch die Siegmund'sche Schussmaske, wobei dem Thiere eine Kugel in's Gehirn gejagt wird u. s. w.

Um zu entscheiden, welche dieser beiden Kategorieen vom humanitären Standpunkte aus vorzuziehen sei, wird sich jeder logisch denkende Mensch zunächst folgende zwei Fragen vorlegen müssen:

a) Wie schnell tritt bei gleichzeitiger Durchschneidung beider Schlagadern und der sonstigen Halsgefässe in allen Fällen Bewusstlosigkeit ein?

b) Wie schnell geschieht das Gleiche bei Anwendung der oben beschriebenen Betäubungsmethoden?

Ich sage „in allen Fällen," weil vereinzelte Erfolge bei der Entscheidung einer solchen Frage nicht massgebend sein könnnen.

Ich betrachte als das wesentlichste Kriterium für die Entscheidung der Frage, welche Schlachtmethode den Vorzug verdient, den Moment, wo die Bewusstlosigkeit, nicht wo der Tod des Thieres eintritt; denn in humanitärer Beziehung ist nur dieser Moment von Interesse, weil mit dem Eintritt der Bewusstlosigkeit das Thier Schmerzen nicht mehr empfindet. Uebrigens ist ja der Todesmoment physiologisch auch gar nicht zu bestimmen, da ein ausreichendes Kriterium hierfür fehlt. Die Physiologie vermag nicht genau zu definieren, was unter Leben zu verstehen ist, wo es zu Ende ist und wo der Tod beginnt. Wenn die Behauptung der Thierschützer wahr wäre, dass das Thier so lange lebt, als Muskel-Contractionen stattfinden, so würde dasselbe auch noch längere Zeit, nachdem ihm der Kopf abgeschlagen wurde, als lebend zu betrachten sein, da, wie man sich im Schlachthause überzeugen kann, Contractionen ganzer Muskelgruppen noch stattfinden, wenn der Cadaver bereits zersägt und die einzelnen Stücke aufgehängt sind.

1. Die jüdische Schlachtmethode.

Was die Frage betrifft, wann bei Durchschneidung sämmt-licher Halsgefässe vermittelst eines scharfen Messers die Bewusst-losigkeit eintritt, so habe ich in meinen bereits erwähnten Vorträgen und Berichten zur Genüge nachgewiesen, dass das Gehirn, insbesondere die graue Substanz desselben — der Sitz des Bewusstseins — nachdem durch Zerschneidung der Halsarterien der Blutzufluss zu demselben abgeschnitten ist, seine Funktion sofort einstellt. Und ich habe ferner bewiesen, dass das Bewusstsein des Thieres bereits nach 3—5 Secunden erloschen ist, bei Hunden sogar noch früher.

Wie wichtig der Zufluss frischen arteriellen Blutes zum Gehirn für die Funktion desselben sowohl bei Menschen als bei Thieren ist, kann jeder Laie durch ein einfaches Experiment erkennen. Presst man durch Drücken auf die vordere Bauchwand, die Bauchaorta, welche das Blut zu den Füssen (beim Thiere zu den hinteren Ex-tremitäten) leitet, an die Wirbelsäule, so wird eine momentane Lähmung dieser Organe, ein Verschwinden sowohl der Bewegungs-fähigkeit als auch der Empfindung erzielt; letztere erwacht aber wieder, sowie man den Finger von der betreffenden Stelle ent-fernt und die Absperrung des Blutes aufhebt. Wenn also schon das Rückenmark zur Aufrechterhaltung seiner Funktionen des steten Zuflusses frischen arteriellen Blutes bedarf und bei Unter-brechung desselben sofort zu functionieren aufhört, um wieviel mehr muss dies bei der weit zarteren und empfindlicheren Substanz des Gehirns der Fall sein! Der Einfluss des Blutzuflusses auf die Gehirn-function kann auch durch folgende sehr interessante Versuche bewiesen werden: Legt man ein kleines Thier, z. B. ein Kaninchen, derart auf ein in einer horizontalen Ebene mit bestimmter Schnelligkeit schwingendes Rad, dass der Kopf nach dem Centrum, die Beine nach der Peripherie des Rades hin zu liegen kommen, so wird das Thier schon nach kurzer Zeit wie todt daliegen. Aendert man nunmehr die Lage desselben in der Weise, dass der Kopf der Peripherie des Rades, die Beine dem Centrum zugekehrt sind, dann lebt das Thier wieder auf. Dies kann beliebig oft wiederholt werden. Die Erklärung ist sehr einfach: Bei der Drehung des Rades ist die grösste Geschwindigkeit an der Peripherie, die geringste am Centrum vorhanden; infolge dessen entwickelt sich eine nach der Peripherie von dem Centrum zustrebende Kraft (Centrifugal), welche die beweglichen Theile (hier das Blut) nach der Peripherie treibt. In der ersten Lage wird also das Blut aus dem Gehirn ausgetrieben, daher die Bewusstlosigkeit; in der zweiten Lage kehrt das Blut von den hinteren Partieen des Körpers zum Gehirn zurück — daher das Wiedererwachen des Lebens und Bewusstseins.

Nicht minder lehrreich ist ein von Brown-Sequard ausgeführter Versuch; derselbe hat defibriniertes Blut durch die Halsarterien in's Gehirn eingespritzt und so den Kopf eines Hingerichteten wiederbelebt.

Das gleiche Experiment hat Professor Vulpian an Thieren vorgenommen[1]). Er zeigte, dass, wenn man einen Hund guillotiniert oder sonst irgendwie tödtet und nachher den Kopf abschneidet, man noch nach etwa 10 Minuten, wenn alle Lebenserscheinungen bereits völlig verschwunden sind, vermittelst Einspritzens defibrinirten sauerstoffhaltigen Blutes durch die Halsarterien in's Gehirn in dem abgeschnittenen Kopfe in 2—3 Minuten Lebenserscheinungen hervorrufen kann.

Damit die Thätigkeit der Gehirncentren, d. h. die seelische Thätigkeit des Gehirns ungestört vor sich gehen kann, muss demselben nicht allein das für das Leben dieser Centren erforderliche Ernährungsmaterial, das Blut als Träger des Sauerstoffs, zugeführt werden, sondern letzteres muss sich auch in steter Circulation befinden, damit seine verbrauchten, resp. veränderten Bestandtheile immerwährend erneuert werden können, denn die

---

[1]) Vulpian, Physiologie du système nerveux, p. 459.

Hirnrinde ist dasjenige Organ unseres Körpers, welches das grösste
Ernährungsbedürfniss besitzt und sich gegen jegliche Störung der
Ernährungsverhältnisse am empfindlichsten erweist. Dies ist auch
der Grund, weshalb bei heftigen Gemüthserregungen, wobei manchmal
die Herzthätigkeit zeitweilig aufhört, also der Blutkreislauf nach
den Centren des Gehirns verhindert ist, oft ein augenblicklicher
Verlust des Bewusstseins und der Bewegungsfähigkeit (Ohnmacht)
eintritt. Ja, mitunter genügt sogar die Verstopfung eines einzigen
Gefässes in einer bestimmten Partie des Gehirns, um eine momentane Bewusstlosigkeit herbeizuführen, wie dies beim Menschen
der Schlaganfall am besten beweist.

Von Manchen, welche mit der Physiologie, zumal mit der
Bedeutung des Blutdruckes für die Gehirn-Funktionen und für das
Leben des Thieres nicht näher vertraut sind, wird hier eingewendet,
dass nach der Durchschneidung der Halsgefässe ja noch zwei seitliche
Zweige, die sogen. „Vertebral-Arterien", welche unterhalb der Schnittstelle sich abzweigen und nach hinten ausbiegen, unversehrt bleiben
und dem Gehirn noch ferner Blut zuführen. Um die Haltlosigkeit
dieser Einwendung darzuthun, genügt es, auf Folgendes hinzuweisen:
Die Arterien sind ein zusammenhängendes System von elastischen
Röhren, welche sich immer in mehr oder minder starker Dehnung
befinden, je nach der Stärke des Druckes, den die bald grössere,
bald geringere Menge der in ihnen enthaltenen Flüssigkeit auf
die innere Gefässwand ausübt. Dieses System bildet einen in
sich selbst zurücklaufenden abgeschlossenen Kreis. Wird nun
in eine dieser Röhren eine Oeffnung gemacht, wie dies z. B. beim
Aderlass geschieht, so sinkt sofort der Druck im gesammten System
und fällt immer proportional der Flüssigkeitsmenge, welche ausfliesst. Beim Durchschneiden so grosser Gefässe, wie die Halsarterien,
wobei das Blut in mächtigem Strome wie aus einem Springbrunnen
hervorschiesst, muss selbstverständlich der Druck innerhalb der Gefässe
(der arteriellen Röhren), mithin auch im Gehirn ganz bedeutend
sinken. Die geringe Menge Blutes, welche dem Gehirn durch die
Vertebral-Arterien noch zugeführt wird, strömt sofort nach dem Orte
des geringsten Widerstandes — den klaffenden Oeffnungen der
durchschrittenen Halsarterien — und fliesst durch dieselben wieder
aus, so dass die unversehrt gebliebenen Vertebralarterien, wenn die
Arterien des Halses durchschnitten sind, nichts ausrichten können.

Wie wenig jene Einwendung vor der Kritik des Physiologen
standhält, ergiebt sich auch aus folgender sehr einfachen Betrachtung:
Das Gehirn der Menschen und der Thiere, das so eingerichtet ist,
dass es, um regelmässig zu funktionieren, das Blut durch so grosse
Aeste wie die Halsarterien und die Vertebralarterien zugeführt erhalten muss, kann unmöglich ungehindert weiterfunctionieren, wenn
es dasselbe bloss durch die Vertebralarterien erhalten sollte, deren
Durchmesser ungefähr drei- bis viermal kleiner ist, als der der Halsarterien. Man kann dies sogar durch einen ganz einfachen Versuch
am Menschen nachweisen: Drückt man die Halsarterien an die
Halsknochen (an das Tuberculum Chasseniaki?),so dass der Zufluss
frischen Blutes zum Gehirn auf diesem Wege abgeschnitten ist, so
sinkt der Mensch momentan in Ohnmacht — um wieviel eher muss
dies bei Durchschneidung derselben, wo ein so grosser Blutverlust
momentan stattfindet, geschehen! Diese Erfahrung wird von
manchen Verbrechern, welche darin eine gewisse Uebung haben, aus-
gebeutet, um ihre Opfer zum Zwecke der Beraubung und dergl.
vorübergehend bewusstlos zu machen. Die untergeordnete Rolle,
welche die Vertebralarterien im Vergleiche mit den Halsarterien bei
der Ernährung des Gehirns spielen, geht auch aus Folgendem ganz
evident hervor: In letzter Zeit hat man begonnen, die Fallsucht
ohne Nachtheil für die Gesundheit und die geistige Thätigkeit des
Gehirns durch Unterbindung beider Wirbelarterien zu curiren. So
z. B. hat der Chirurg Roman v. Baracz in Lemberg einem Fallsüchtigen ohne irgendwelche Nachtheile für die Gesundheit beide
Vertebralarterien unterbunden.[1]) Dieses Heilverfahren ist nicht
einmal neu, da der Arzt Alexander in Liverpool diese Operation
bereits in den Jahren 1881/82 in 35 Fällen ausgeführt hat. Die
Vertebralarterien können somit für die Blutversorgung des Gehirns
keine grosse Bedeutung haben.

Dass der Blutdruck nach Durchschneidung der Halsarterien
sehr schnell sinkt, hat der berühmte Physiologe Professor Schiff
in Genf bewiesen, der sich in seinem Vortrage auf dem Baseler
physiologischen Congresse im Jahre 1889 folgendermassen äussert:
„Wenn man den Kreislauf in den beiden Halsadern (Carotiden)
unterbricht, selbst ohne Blutverlust (d. h. ohne sie zu durch-

---

[1]) Wiener Medicinische Wochenschrift 1889; NN. 7, 8, 9.

schneiden), wird in den Vertebralarterien der Blutdruck sehr herabgesetzt. Wenn aber die Carotiden durchschnitten werden, sinkt der
Druck noch viel mehr."

Bei einer Durchschneidung der Halsgefässe, wie dies bei der
jüdischen Schlachtmethode geschieht, muss also bereits in den ersten
Secunden aus den vier Stümpfen der durchschnittenen Halsarterien
eine so enorme Blutmenge ausfliessen und der Blutdruck in den
Gefässen des Gehirns so schnell sinken, dass vom Bewusstsein
keine Rede mehr sein kann. Und in der That habe ich bei meinen
in Hunderten von Fällen gemachten Beobachtungen im Schlachthause, sowie bei den im Laboratorium angestellten Kontroll-Versuchen
es stets bestätigt gefunden, dass die Bewusstlosigkeit, also
auch die Empfindungslosigkeit bereits **nach 3—5 Secunden**
eintritt, weil mit dem Momente, wo die Blutleere des Gehirns
Bewusstlosigkeit verursacht, auch die Empfindungsfähigkeit des
Thieres geschwunden ist. Dasselbe ist ja auch beim Menschen der
Fall. Wenn Jemand infolge eines starken Blutverlustes in Bewusstlosigkeit (Ohnmacht) gefallen war, hat er nach dem Wiedererwachen
keine Ahnung von dem, was in der Zwischenzeit mit ihm geschehen
ist. Es bedarf hierfür nicht einmal eines besonders grossen Blutverlustes. In meiner medicinischen Praxis ist es mir oft vorgekommen, dass ich an Frauen, welche bei einer Geburt in Folge
starken Blutverlustes das Bewusstsein verloren hatten, ohne Chloroform die schwierigsten und schmerzhaftesten Operationen, welche,
wenn die Patientin bei Bewusstsein ist, ohne Narkose unmöglich
wären, vorgenommen habe, ohne dass dieselben, wie sie mir nachher
betheuerten, auch nur den geringsten Schmerz verspürt hätten. Dabei
hatte in diesen Fällen nur ein ganz minimaler, mit dem bei der
Durchschneidung der Halsarterien kaum zu vergleichender Blutverlust stattgefunden, und trotzdem diese tiefe Bewusstlosigkeit, diese
absolute Unempfindlichkeit gegen fürchterliche Schmerzen. Da kann
doch wahrlich kein vernünftiger Mensch im Ernst glauben, dass
das Thier bei einer durch so enormen Blutverlust herbeigeführten
Bewusstlosigkeit noch Schmerzen empfinden kann!

Ebensowenig ist, wie Laien behaupten, die Beobachtung, dass
Thiere noch 10—15 Secunden nach dem Schächtschnitt bei Berührung mit dem Finger das Auge schliessen, ein Beweis dafür,
dass sich das Thier noch bei Bewusstsein befindet. Man braucht

blos das ABC der Physiologie zu kennen, um zu wissen, dass derartige tactile Reflexe durchaus nicht als Zeichen für das Vorhandensein von Bewusstsein und Empfindung gelten können. Diese Reflexe kann man auch bei narkotisierten Menschen, wenn die Narkose nicht tief ist, beobachten. Im Frankfurter Schlachthause und an anderen Orten habe ich durch folgendes sehr einfaches Experiment evident dargethan, dass die Contractionen bei Berührung oder Reibung gewisser Muskelgruppen und Nerven durchaus nicht als Beweis für das noch vorhandene Bewusstsein aufzufassen sind. Wenn man nämlich einem Ochsen den Kopf abschneidet und gewisse Punkte dieses Kopfes berührt, kann man bewirken, dass der todte Kopf das Maul aufsperrt, die Zunge nach jeder gewünschten Seite herausstreckt u. s. w.

Ein weiterer Angriff auf die jüdische Schächtmethode wird daraus construirt, dass einige Zeit nach Durchschneidung der Halsarterien an den durchschnittenen Stümpfen Anschwellungen entstehen, so dass angeblich ein Nachschneiden nöthig wird, um das schnellere Ausfliessen des Blutes zu ermöglichen. Dieser Angriff ist geradezu unsinnig. Eine Verstopfung der Gefässe durch Anschwellung kann nach den einfachsten Gesetzen des Blutdruckes nur dann erfolgen, wenn dieser letztere bereits soweit gesunken ist, dass der Blutandrang das entstandene Hinderniss nicht mehr fortschaffen kann; dann ist aber auch das Thier bereits längst bewusstlos und man kann mit ihm vornehmen, was man will. Diese Frage wurde von uns in der St. Petersburger „Kommission zur Auffindung der besten Schlachtmethode" auf's Eingehendste erörtert und in der oben angegebenen Weise entschieden. In Russland wird (mit Ausnahme der wenigen Schlachthäuser, wo man das Blut für die Albuminfabrikation sorgfältig sammelt) thatsächlich das gänzlich nutzlose Nachschneiden fast nirgends angewandt. Begreiflicherweise sieht man nach jedem Nachschneiden das Blut an dem betreffenden Punkte vermehrt austreten, da bei jedem Nachschneiden immer noch neue Gewebe und Gefässe angeschnitten werden; aus den anderen Gefässen dagegen wird der Blutausfluss ein geringerer. Vergleicht man die Mengen des während der ganzen Schlachtprocedur mit und ohne Nachschneiden ausgeflossenen Blutes, so findet man, dass sie in beiden Fällen vollkommen gleich sind.

Jedenfalls hat diese Frage, ob das Blut vorwiegend aus einem oder aus allen Gefässen gleichmässig ausfliessen soll, mit der Humanität absolut nichts zu thun und könnte höchstens an manchen Orten ökonomische Bedeutung haben. Uebrigens hängt es ganz von den Schlächtern ab, ob das Blut in einer für die Mitglieder der Thierschutzvereine mehr oder weniger sichtbaren Stärke austreten soll. Die Praxis im Schlachthause hat mir den Beweis geliefert, dass, wenn der Schächtschnitt etwas tiefer nach der Brust hin gemacht wird (was dem jüdischen Ritus nicht widerspricht), dieses Nachschneiden ganz überflüssig wird, da alsdann aus den grossen Gefässen ein so unverhältnissmässig mächtigerer Blutstrom hervorschiesst, dass auch die weitestgehenden Ansprüche befriedigt sein müssten. Derselbe ist so stark, dass in denjenigen Schlachthäusern, wo die Sammlung des Blutes behufs Verwendung in den Albuminfabriken sehr sorgfältig geschieht, die Schlächter, um nicht alles Blut verspritzen zu lassen, die durchschnittenen Gefässe mit der Faust zusammendrücken. Dies hat seine besonderen anatomischen Gründe, auf welche ich hier nicht näher eingehen will (ich habe in mehreren Schlachthäusern auf diesen Umstand bereits aufmerksam gemacht). Allerdings würde, wenn der Halsschnitt tiefer gemacht wird, der Metzger, welcher für den Kopf immer denselben Preis erhält, einen Verlust von 3 — 4 Pfund Fleisch haben, dagegen der arme Mann, der einen solchen Kopf kauft, ebenso viel Fleisch mehr erhalten. Sollte dies aber ein Uebelstand sein, so wäre es immer noch leichter, demselben abzuhelfen, als deswegen eine gute und humane Schlachtmethode zu verwerfen.

Die Behauptung, dass der Tod des Thieres bei Durchschneidung der Halsgefässe ein Erstickungstod ist, entbehrt jeder thatsächlichen Grundlage. Dieser Tod kann schon deswegen nicht mit dem Erstickungstode im engeren Sinne des Wortes verglichen werden, weil die Bewusstlosigkeit viel früher eintritt, als die Erstickungs-Erscheinungen aufzutreten vermöchten. Dazu kommt, dass gleichzeitig mit den Halsarterien ja auch die Luftröhre durchschnitten wird, wodurch die Luft zu den Lungen freien Zutritt erhält. Auch Menschen athmen ja bei längeren Halsoperationen vermittelst einer in die Luftröhre eingeführten Canüle, während die Athmung durch Mund und Nase verhindert ist.

Allerdings kann jeder durch Blutentziehung herbeigeführte

Tod, ob mit oder ohne vorherige Betäubung, in seinen letzten Resultaten als ein Erstickungstod betrachtet werden, da das Blut der hauptsächlichste Träger des für die Erhaltung des Lebens so wichtigen Sauerstoffes ist; wenn das aber für die jüdische Schlachtmethode richtig ist, so trifft es für die Tödtung nach vorheriger Betäubung noch viel mehr zu. Das lässt sich sehr einfach erkennen: es ist bekannt, dass das Blut, je reicher an Sauerstoff, desto mehr hellroth ist; je ärmer an diesem Gase, desto dunkler wird seine Farbe. Nun braucht man sich bloss die eine wie die andere Schlachtmethode anzusehen, um sich zu überzeugen, dass das Blut **bei der jüdischen Methode** hellroth, bei allen anderen dagegen tief dunkel ist.

Ebensowenig Sinn hat es, in den epileptoiden Zuckungen nach dem Schächten einen Beweis dafür zu erblicken, dass das Thier sich noch bei Bewusstsein befinde. Wer aber diese Wahrnehmung durchaus als einen solchen Beweis ansehen will, der wird, da diese Zuckungen auch beim Kopfschlag, bei der Maske u. s. w. statthaben, alsdann nothgedrungen auch zugeben müssen, dass das Thier bei diesen Manipulationen das Bewusstsein nicht verliert. Bei der Betäubung sehen wir diese Convulsionen sogar dreimal auftreten: bei jedem wiederholten Schlag auf den Kopf, beim brutalen Einbohren eines nicht ganz scharfen Messers, wenn zwischen der Betäubung und dem Beginne der Blutentziehung eine auch nur kleine Pause gemacht wurde (in diesen beiden Fällen tragen diese Zuckungen den Charakter willkürlicher Muskelkontractionen) und drittens endlich, nachdem eine reichlichere Blutentziehung stattgefunden hat (epileptoide, bewusstlose Zuckungen, wie sie auch bei der jüdischen Schlachtmethode infolge der Blutleere des Gehirns vorkommen). Allerdings sind diese epileptoiden Zuckungen bei der Betäubung nicht immer so energisch; dies spricht aber durchaus nicht zu Gunsten dieser Methode. Dem bereits bewusstlosen Thiere sind ja diese Zuckungen ohnehin ganz gleichgiltig, während sie den Ausfluss des Blutes aus den kleinen Blutgefässen befördern und im Allgemeinen das Fleisch mürber machen, worauf ich bei der Besprechung meiner chemischen Untersuchungen noch zurückkommen werde. Kundige Metzger suchen aus diesem Grunde die Zuckungen durch Reibung der Gliedmassen des Thieres noch zu fördern. Ich habe sogar oft gesehen, dass beim

Schlachten mit der Bruncau'schen Maske die Schlächter, um bessere
Ausblutung zu erzielen, mit dem spanischen Rohr nochmals in das
Rückenmark des Thieres hineinfahren, um jene Zuckungen her-
vorzurufen.

Dass Zuckungen dieser Art (epileptoide) mit dem Bewusstsein nichts zu thun haben, können wir auch am Menschen beweisen:
Wem ist es nicht bekannt, dass genau dieselben Zuckungen bei
Anfällen von Fallsucht (Epilepsie) stets vorkommen, während sich
doch der Kranke in diesem Falle unbestritten nicht bei Bewusstsein befindet, keine Schmerzen fühlt und, nachdem der Anfall vorüber ist, nicht einmal weiss, was mit ihm geschehen ist.

Ich habe bereits in meinem Vortrage in der St. Petersburger
medicinischen Gesellschaft[1]) darauf hingewiesen, dass der einzige
Schmerz, den das Thier beim Schächten erleidet, in dem Momente
der Durchschneidung der Weichtheile des Halses besteht. Dieser
Schmerz muss aber unbedeutend sein, da die Durchschneidung mit
einem sehr scharfen Messer geschieht. Wir wissen, dass sogar der
Mensch bei der Durchschneidung der nervenreichsten Körpertheile
keine ausserordentlichen Schmerzen empfindet, wenn dieselbe
mit einem sehr scharfen Instrumente vorgenommen wird; die
Empfindlichkeit der Säugethiere (und noch mehr der Pflanzenfresser)
ist aber jedenfalls viel geringer als die des Menschen. Hunde z. B.
ertragen, ohne sich zu wehren, solche Operationen, die sogar beim
kräftigsten Menschen die stärksten Schmerzensäusserungen hervorrufen würden. Hierzu kommt noch, dass, wie wir aus der Anatomie
wissen, der beim Schächten zu durchschneidende Lungen- und
Magennerv (N. vagus) seine empfindlichen Fasern bereits oberhalb
der Schnittstelle an den Kehlkopf abgiebt, so dass auch aus diesem
Grunde der Schmerz ein ganz geringer sein muss. Bei aufmerksamem Studium der rituellen Vorschriften der jüdischen Schlachtmethode finden wir, dass der Schächtschnitt wohl tiefer, niemals
aber höher, als die untere Grenze des Kehlkopfs gemacht werden
darf. Es ist schwer zu entscheiden, ob diese Vorschrift mit
Rücksicht auf eine eventuelle Beschädigung des Messers durch den
Kehlkopfknorpel erlassen wurde, oder ob vielleicht die jüdischen

---

[1]) Siehe meine Schrift: „Anatomisch-physiologische Grundlagen der
verschiedenen Methoden des Viehschlachtens" (Berlin, 1894).

Religionslehrer bereits damals das eben erwähnte Verhalten des
Nervus vagus gekannt haben. Thatsache ist jedenfalls, dass beim
rituellen Schächten jene empfindlichen Nervenfasern nicht verletzt
werden können. In letzter Zeit wurde gegen die jüdische Schlachtmethode die
Anklage erhoben, dass es vorgekommen sein soll, dass ein Rind
nach dem Schächten noch aufgesprungen sei. Die Möglichkeit, dass
ein nicht gehörig gebundenes Rind nach dem Schächten sich erheben
kann, darf zugegeben werden ; auf Grund meiner Erfahrungen muss
ich aber behaupten, dass dieses Aufspringen, wenn es auch nur
fünf Sekunden nach dem Schächten geschieht, ohne irgend welche
Antheilnahme des Bewusstseins erfolgt. Es ist wohl Jedermann
bekannt, dass Truthähne mit abgeschnittenem Kopfe noch lange
umherlaufen, dass Enten ohne Kopf noch schwimmen können —
wird Jemand diese Akte als bewusste bezeichnen wollen?
Wenn hier ein Uebelstand vorliegt, so ist es höchstens ein ästheti-
scher, dem durch Anschaffung eines haltbaren Strickes, d. h. mit
einem Kostenaufwand von wenigen Groschen leicht abgeholfen
werden kann.

Eine weitere, geradezu unbegreifliche Ausstellung an der jüdischen
Schlachtmethode besteht darin, dass bei derselben die Halswunde
durch den mitunter durch Erbrechen ausgeworfenen Magen-Inhalt
verunreinigt wird. Wer Gelegenheit hatte, viele Schlachtfälle zu
beobachten, wird gesehen haben, dass Erbrechen auch bei anderen
Schlachtmethoden vorkommen. Alsdann wird doch aber durch den
Mageninhalt, der entweder durch den Mund oder, bei tiefem Ein-
dringen des Messers, durch die Speiseröhre hervorbricht, nicht blos
die Halswunde, sondern auch die Brusthöhle verunreinigt, da dieselbe ja behufs Blutentziehung nach der Betäubung ebenfalls ge-
öffnet wird, was bei der jüdischen Schlachtmethode nicht geschieht.

Manche Thierschützer begründen ihre Abneigung gegen die
jüdische Schlachtmethode mit den „seelischen Schmerzen", die das
Thier während des Niederlegens und Bindens empfindet, indem es
das Herannahen seiner Todesstunde merkt. Ich habe bereits in
meinem Vortrage in der St. Petersburger Medicinischen Gesellschaft
ausgesprochen, dass es mit den „seelischen Fähigkeiten" eines
Ochsen nicht weit her ist, und habe darauf hingewiesen, dass, wenn
ein Ochs, der infolge erhaltenen Nackenstichs bereits umgefallen ist

und die Herrschaft über seine Gliedmassen verloren hat, noch aus
meiner Hand Brod mit Salz frisst, man nicht gut annehmen kann,
dass er sich in Angst vor dem herannahenden Tode befindet. Meine
späteren Beobachtungen in den verschiedenen Schlachthäusern haben
mich von dem äusserst geringen Seelenvermögen dieser Thiere noch
mehr überzeugt. Einmal hatte ich Gelegenheit zu beobachten,
wie ein Bulle in der Schlachtkammer selbst einen Coitus zu voll-
ziehen versuchte; es ist doch schwer anzunehmen, dass während
der Todesangst der Geschlechtstrieb erwachen könnte.

Das geringere Seelenvermögen eines Ochsen lässt sich auch
physiologisch erklären: Dasselbe hängt bei allen Thieren von der
Menge der grauen Substanz ihres Gehirns (von den Nervencentren)
ab, so dass das Verhältniss der letzteren zum Gesammtgewichte
des Körpers mehr oder weniger als Mass für das Seelenvermögen
des Thieres aufgefasst werden kann. Da nun beim Ochsen, wie
weiter unten gezeigt werden wird, dieses Verhältniss im günstigsten
Falle wie 1 zu 186 ist (während beim Menschen = 1 zu 36), so
kann man sich leicht denken, bis zu welchem Grade beim Ochsen
von Seelenvermögen die Rede sein kann.

Aber angenommen auch, der Ochs besässe die ihm zuge-
schriebenen hohen geistigen Fähigkeiten, ruft es alsdann bei ihm ange-
nehmere Gefühle hervor, wenn er sieht, dass Einer ihn an einen Ring
festbindet und ein Anderer mit einer drohenden Keule vor ihm steht
oder wenn ihm gar wiederholt Schläge auf den Kopf versetzt werden?
Müsste er nicht hierbei ganz dasselbe „ahnen", wie beim Niederlegen
zum Schächten?

Endlich erhebt man gegen das Schächten noch den Vorwurf,
es sei „unethisch". Man braucht nur etwas häufiger nach dem
Schlachthause zu gehen und sich Alles, was dort vorgeht, ein
wenig anzusehen, um sich zu überzeugen, dass dieser Vorwurf
gerade bezüglich der jüdischen Schlachtmethode absolut unbe-
gründet ist. Es nimmt sich wirklich mehr als befremdend aus,
im Schlachthause Ethik zu suchen, während wir sie ausserhalb desselben nur zu oft vermissen. Man mag schlachten, nach welcher
Methode immer, der Akt ist schon an sich ein unsittlicher, der
durch das Bedürfniss unseres Magens kaum zu entschuldigen ist,
und das Schlachthaus wird sich daher niemals zur Erziehungsstätte
für Ethik und Sittlichkeit eignen.

Welche Schlachtmethode bei dem Zuschauer ein unangenehmeres Gefühl hervorruft, das hängt ganz von dem subjectiven Empfinden des Einzelnen ab. Die Herren vom Thierschutzverein behaupten, der Anblick des Schächtens mache einen besonders unangenehmen Eindruck; auf mich und viele Andere, die ich kenne, wirkt der Anblick des Kopfschlags, insbesondere wenn er mehrmals wiederholt werden muss, viel unangenehmer. So oft ich ihn beobachten muss, überläuft es mich kalt bei jedem Schlage.

Dass blutige Scenen auf verschiedene Menschen sehr verschieden wirken, zeigt uns die gerichtlich-medicinische Praxis. Aus der Kriminalistik, sowie der gerichtlichen Medicin sind Fälle bekannt, wo Mörder, die mit dem grössten Gleichmuth ein Menschenleben vernichteten, beim Anblick eines getödteten Kätzchens oder irgend einer Thierquälerei heftig erschüttert wurden. Warum sollte also der von den Thierschutzvereinen empfohlene und gepriesene Kopfschlag nicht ebenso auf manchen Zuschauer den aufregenden Eindruck einer grausamen, „unethischen" Thierquälerei hervorrufen, wie das jüdische Schächten? Wer über die Ethik den Mund so voll nimmt, sollte doch lieber dafür sorgen, dass unbetheiligte Zuschauer, insbesondere Kinder, gar nicht in's Schlachthaus gelassen werden. Die Verordnung, dass Unbetheiligten der Zutritt zum Schlachthause nicht gestattet ist, existirt nur an wenigen Orten; die meisten Schlachthäuser erfreuen sich dagegen eines ziemlich regen Besuches. In Zürich habe ich sogar gesehen, wie kleine Buben von der Strasse mit dem Hereinbringen der Ochsen nach der Schlachtkammer beschäftigt wurden, um dem Schlächter den Zeitverlust zu ersparen.

Stellt man der jüdischen Schlachtmethode die anderen gebräuchlichen Methoden, wie z. B. den Kopfschlag, die Bruneau'sche Maske, die Schussmaske, Bouterolle u. s. w. gegenüber, so sehen wir, dass in humanitärer Beziehung die Sache jedenfalls ganz anders aussieht, als sie von den Gegnern des Schächtens geflissentlich dargestellt wird. Auf die Mängel, welche jenen Methoden in hygienischer Beziehung anhaften, will ich an einer anderen Stelle, wo von der Qualität des Fleisches nach den verschiedenen Methoden geschlachteter Thiere die Rede sein wird, ausführlich zurückkommen.

2

1. Die Betäubung durch Kopfschlag.

Was die Betäubung vor dem Schlachten betrifft, so kann theoretisch nicht bestritten werden, dass ein Schlag gegen den Kopf, der eine sofortige Erschütterung des Gehirns herbeiführt, auch thatsächlich momentane Bewusstlosigkeit zur Folge haben kann. Ich habe aber wissenschaftlich nachgewiesen, dass das Gehirn eines Ochsen, welches, wie man beim Durchsägen des Schädels leicht erkennen kann, im Verhältniss zu dem grossen Kopfe viel kleiner ist als das eines Menschen, ferner durch zwei dicke knöcherne Kapseln geschützt und deshalb einer Erschütterung nur schwer zugänglich ist: es wäre daher mehr als ein Kunststück, diese Erschütterung „in jedem Falle" herbeizuführen. Die Bestrebungen der Thierschutzvereine auf Einführung dieser Methode beruhen entweder auf der Beobachtung, dass beim Menschen durch einen kräftigen Schlag auf den Kopf leicht Bewusstlosigkeit herbeigeführt werden kann — wobei die Herren allerdings vergessen, dass die Schädeldecke des Menschen nur dünn ist — oder aber auf einigen zufällig gelungenen Fälle, welche sie gesehen haben und zu generellen Schlüssen verallgemeinern. Solche Vergleiche und Voraussetzungen gehören in das Reich der Phantasie — auf dem realen Boden des Schlachthauses sieht die Sache ganz anders aus, da werden ganz andere Erfahrungen gemacht. Ich habe mich bereits vor langer Zeit in russischen Schlachthäusern von der Unmöglichkeit überzeugt, einen Ochsen in jedem Falle durch einen einzigen Schlag zu betäuben, und diese Tödtungsart ist in den grösseren russischen Schlachthäusern (wie z. B. in St. Petersburg, Moskau, Charkow, Kasan u. s. w) bereits längst als eine äusserst grausame erkannt und daher verworfen worden.

Aber, so sagte ich mir vielleicht giebt es bei uns in Russland keine geschickten Schläger, die einen tüchtigen Schlag geschickt zu führen verstehen, und begab mich in's Ausland, um mir die Sache in den Schlachthäusern Deutschlands und der Schweiz genauer anzusehen. Hier bot sich ohne Zweifel Gelegenheit, geschickte erfahrene Schlächter, welche seit zehn Jahren und länger diese Methode anwenden, zu beobachten, und gerade hier wurde ich in der Ueberzeugung noch mehr bestärkt, dass es kein sicheres Mittel giebt, ein Rind mit einem oder auch mit zwei Schlägen zu betäuben. Der Erfolg hängt hierbei durchaus nicht blos von der Kraft und Geschicklichkeit des Schlägers ab, sondern noch von einer ganzen Reihe von Eventualitäten, welche nicht mit mathematischer Genauigkeit berechnet werden können, wie z. B. vom Winkel, unter welchem der Schlag fällt, von der Ebenheit des Schädels u. s. w. Diese meine Beobachtungen habe ich meist in Gegenwart von Professoren der Thierarzneikunde oder der leitenden Schlachthausveterinäre gemacht, und zwar, was ich hier nochmals ausdrücklich hervorhebe, in Hunderten und Tausenden von Fällen. Mir kann daher auch das eifrigste Mitglied der Thierschutzvereine den Vorwurf, dass ich die Frage nicht an Ort und Stelle studirt habe, nicht machen — ein Vorwurf, mit dem die Herren gegen jeden Gelehrten, der sich auf Grund wissenschaftlicher Forschung für die jüdische Schlachtmethode erklärte, sofort bei der Hand sind. Meine Beobachtungen im Schlachthause haben mich zu der Ueberzeugung gebracht, dass die Fälle, wo der Ochs beim ersten Kopfschlag bewusstlos wird, eher als Ausnahme, denn als Regel zu betrachten sind. Uebrigens beweist, selbst wenn ein Ochs beim ersten Schlage umfällt, das noch lange nicht, dass er auch das Bewusstsein verloren hat und die weiteren Schläge nicht mehr fühlt. Im Gegentheil kommt es vor, dass ein solches durch einen Schlag auf den Kopf zusammengebrochenes Thier, nachdem es drei bis vier weitere Schläge erhalten hat, plötzlich bei vollem Bewusstsein aufspringt. Ich habe es in einem Berliner und in anderen Schlachthäusern selbst zu beobachten Gelegenheit gehabt, dass ein Ochs, welcher vier bis fünf Schläge erhalten hatte, plötzlich seinen Kopf aus den Händen des ihn festhaltenden Gesellen befreite und direct auf die Thür zulief. Uebrigens ist die Thatsache jedem Schlächter bekannt, dass ein Ochs, wenn er auch durch einen Schlag auf den Kopf niedergestreckt wird, dadurch noch nicht betäubt ist; begnügt sich der Schlächter doch niemals mit diesem ersten Schlage, sondern hält noch stets fernere vier, fünf bis acht Schläge für nöthig, bevor er an die weiteren Manipulationen des Schlachtens, resp. an die Blutentziehung herantritt.

Von zwei Rindern, welche im Schlachthause zu Luzern in meiner und des Schlachthaus-Veterinärs C. Rosselet Gegenwart vermittelst

Kopfschlags getödtet wurden, erzielte bei dem einen der erste Schlag absolut gar keine Wirkung; bei dem zweiten Schlage stürzte das Rind auf die vorderen Füsse, blieb aber noch auf den hinteren stehen, und erst nach fünf weiteren Schlägen fiel es gänzlich um. Der zweite, ein junges Thier von zwei Jahren, stürzte nach dem ersten Schlage. Dass das Rind jeden folgenden Schlag fühlt, beweisen die bewussten Bewegungen, welche es nach jedem Schlage ausführt, das mitunter ausgestossene Gebrüll und Stöhnen, sowie das Herumwälzen von einer Seite auf die andere. Die Schlächter wissen das natürlich sehr gut und fahren fort zu schlagen, bis die betreffenden Bewegungen endlich nicht mehr erfolgen, d. h. bis sie die Ueberzeugung gewonnen haben, dass der Ochs nicht mehr aufstehen wird. Man braucht sich blos die durch die Hammerschläge im knöchernen Schädel des Ochsen entstehende tiefe Grube anzusehen, um einen richtigen Begriff von den Todesqualen zu erhalten, welche das Thier bei dieser Schlachtmethode erdulden muss. In meinen Protokollen ist ein Fall verzeichnet (und ich kann die betreffende Nummer der Schlachtkammer angeben), wo e l f Schläge abgegeben werden mussten, bis das Thier zu Fall gebracht wurde. Eine solche Misshandlung kann das Thier oft in Raserei versetzen, so dass dadurch in den kleinen Schlachthäusern der Provinzialstädte, wo die Vorrichtung, das Thier an eiserne Ringe zu fesseln, fehlt, leicht die schlimmsten Unglücksfälle herbeigeführt werden können. Ueber einen solchen Fall wird in der Zeitung „Krim" aus Jekaterinoslaw berichtet:

„Die Bevölkerung Jekaterinoslaws wurde am 31. Oktober v. J. um die Mittagszeit durch die Nachricht überrascht, dass ein rasend gewordener Ochs aus dem uralten hölzernen Schlachthause von improvisirter Bauart, wo das Hornvieh nach einer inquisitorischen Methode geschlachtet wird, indem man dem Thiere die Füsse bindet und es auf die Stirn schlägt, — entsprungen sei. Die Stirn (dieses Ochsen) hatte sich als sehr widerstandsfähig erwiesen, und die Schläge haben das Thier nicht nur nicht bis zur Ohnmacht betäubt, sondern durch die Erschütterung des Gehirns wurde das Nervensystem des Ochsen so sehr erregt, dass derselbe die Stricke zerriss, die Scheune zertrümmerte, den Zaun durchbrach und in die Stadt stürzte, wo er, in wilder Wuth durch die Strassen und Boulevards rennend, Menschen mit seinen Hörnern stiess und mit den Füssen trat. Ein Italiener wurde in der Lendengegend verwundet und erlitt beim Fallen einen Schädelbruch; der Zustand des Armen, der nach einem Krankenhause gebracht werden musste, lässt wenig Hoffnung auf Genesung. Das Publicum auf dem Boulevard war in Aufregung, bis der Ochs endlich auf einer der städtischen Wiesen niedergeschossen wurde."

Es sei hier gleich bemerkt, dass die Annahme, ein junger Ochs sei leichter zu betäuben als ein alter, nicht immer zutrifft. Ich habe im Gegentheil manchmal beobachtet, dass bei jungen Ochsen von drei bis vier Jahren eine Erschütterung des Gehirns nicht minder schwer zu bewerkstelligen war. Diese Thatsache ist, wie mir Berliner Grossschlächtermeister versicherten in Metzgerkreisen längst bekannt. Es würde mich zu weit führen, wollte ich hier die wissenschaftliche Seite dieser Erscheinung erörtern, und ich beschränke mich daher auf den Hinweis, dass die Ursache wahrscheinlich in der grösseren Elasticität eines jungen Schädels im Vergleiche zu einem alten zu suchen ist.[1]) Wir wissen ja, dass auch Kinder und junge Leute oft starke Stösse gegen den Kopf erleiden, ohne dass irgend eine Erschütterung des Gehirns eintritt, während ältere Leute unter gleichen Bedingungen oft in Bewusstlosigkeit verfallen.

Um sich zu erklären, warum es in der Regel unmöglich ist, einen Ochsen mit einem Schlage zu betäuben und ein solcher gelungener Fall vielmehr als eine Ausnahme zu betrachten ist, muss man einmal die Schädelverhältnisse eines Ochsen, sodann auch die Funktionen des Gehirns im Allgemeinen, sowohl bei Menschen, wie bei Thieren, in Betracht ziehen. Während das Gewicht des menschlichen Gehirns beim verhältnissmässig kleinen Schädel sich zum Gesammtgewicht des Körpers im Mittel wie 1 zu 36 verhält (das Schädeldach also dünn sein muss), ist bei den Säugethieren dieses Verhältniss im Mittel wie 1 zu 186 (beim Ochsen noch kleiner). Da zudem noch der Schädel des Ochsen im Verhältniss zu dem des Menschen ungewöhnlich gross ist, so ist es leicht begreiflich, dass es ungemein schwierig sein muss, beim Ochsen durch einen

---

[1]) Natürlich greift bei ganz alten Ochsen, besonders Bullen, infolge der allzu fortgeschrittenen Verknöcherung des Schädels ein umgekehrtes Verhältniss Platz, und dieselben müssen daher oft 8 Schläge und darüber erhalten, ehe sie völlig betäubt sind.

einzigen Schlag auf den Kopf eine Erschütterung des gesammten
Gehirns herbeizuführen. — Was die Gehirnfunktionen betrifft, so
haben wir uns folgende Thatsachen zu merken: Sämmtliche Sinnes-
organe des Menschen wie der Thiere haben im Gehirn, richtiger in
der Grosshirnrinde, besondere Centren. So sind, wie Professor
H. Munk, eine berühmte Autorität auf diesem Gebiete, bewiesen
hat, die Centren des Gesichtssinnes im hinteren Lappen des Grosshirns gelegen, die Centren des Gehörsinnes in den Schläfenlappen
u. s. w., so dass durch Verletzung oder Wegschneidung der hinteren
Partien des Gehirns, das Thier erblindet, während es bei Verletzung
der Schläfenlappen taub wird u. s. w. Für die Intelligenz
giebt es jedoch im Gehirn kein bestimmtes Centrum, sondern sie
hat ihren Sitz in der gesammten Hirnrinde.

„Die Intelligenz," so sagt der genannte Autor, „hat überall
in der Grosshirnrinde ihren Sitz." . . . „Die Laesion (Verletzung)
der Grosshirnrinde schädigt die Intelligenz desto mehr, je ausge-
dehnter die Laesion ist."[1])

Wenn aber der Grad des Verlustes der Intelligenz von der
Ausdehnung der Verletzung abhängt, so muss dasselbe für
den Verlust des Bewusstseins noch viel mehr zutreffen. Wenn
Intelligenz und Bewusstsein nicht in jeder Beziehung identisch sind,
so muss gerade in dieser Hinsicht alles dasjenige, was für die
Intelligenz acceptirt wird, in noch viel höherem Grade auf das
Bewusstsein anwendbar sein. Wohl ist Bewusstsein ohne Intelligenz möglich, niemals aber Intelligenz ohne Bewusstsein; letzteres
ist somit eine Existenzbedingung für das erstere. Wenn also das
volle Verschwinden der Intelligenz nur bei einer Verletzung der
gesammten Hirnrinde möglich ist, so kann der völlige Verlust des
Bewusstseins erst recht nur unter dieser Bedingung zu Stande
kommen. Es wird sich nunmehr auch ergeben, dass, je ausge-
dehnter die Laesion, desto grösser die Schädigung des
Bewusstseins ist. Ich will hierzu noch die von den Professoren
Flourence und Vulpian bereits längst erkannte und durch zahlreiche
Versuche bewiesene Thatsache hinzufügen, dass die beiderseitigen
Hirnhemisphären für ein und dieselben Gehirnfunktionen eingerichtet
sind und einander nöthigenfalls vertreten können. Eine völlige

---

[1]) Prof. H. Munk, Ueber die Funktion der Grosshirnrinde. 1890 S. 59.

Bewusstlosigkeit wird also nur dann zu erzielen sein, wenn beide Hemisphären des Gehirns verletzt werden. Folglich kann das Thier bei einer Verletzung des Gehirns, wie sie beim ersten oder auch zweiten Kopfschlage erfolgt, wohl bewusstlos erscheinen, ohne es in Wirklichkeit zu sein.

Diese Thatsache findet auch am Menschen ihre Bestätigung. Der gefeierte Chirurg Pirogow, der sich mit Schädelbeschädigungen eingehendst beschäftigt hat, hat bereits längst die Behauptung aufgestellt, dass der Verlust des Bewusstseins auch bei den schwersten Verletzungen des Schädels ausbleiben kann.[1] „Viele traumatische Verletzungen", so schreibt Pirogow, „beweisen uns, dass grosse Verletzungen des Gehirns nicht immer die Funktionen desselben stören. Ich habe Fälle beobachtet, wo die Schädelknochen tief in's Gehirn eingedrückt worden waren, ohne das Bewusstlosigkeit eintrat." Hieraus zieht nun Pirogow den Schluss, dass die Bewusstlosigkeit auch bei den grössten Verletzungen ausbleiben kann.

Dieser berühmte, der gesammten gebildeten Welt bekannte Chirurg theilt auf Grund langjähriger, sowohl in der Klinik, als auch auf dem Schlachtfelde gesammelter Erfahrungen und Beobachtungen die schweren Schädelverletzungen in vier Kategorieen ein:[2]

1) Solche, wobei der Patient sofort nach der erfolgten schweren Verletzung des Schädels das Bewusstsein entweder gar nicht oder nur auf einen Augenblick verliert und sofort wieder zu Bewusstsein kommt.

2) Solche, wobei das Bewusstsein anfangs nicht, wohl aber nach Ablauf einer gewissen Zeit verloren geht.

3) Wobei der Patient sofort in Bewusstlosigkeit verfällt und längere Zeit in derselben verharrt.

4) Wobei derselbe in Bewusstlosigkeit verfällt, ohne jemals wieder aus derselben zu erwachen.

Aus der Literatur sind noch viele Fälle bekannt, wo sogar Verletzungen grosser Partien der Hemisphärenrinde ohne jegliche Störung sowohl des seelischen Lebens, als auch der Bewegungen des Thieres verlaufen sind, so z. B. bei Blutergüssen oder sogar

---

[1] N. Pirogow, Grundlage der allg. Feldchirurgie. Dresden 1865 (russisch).
[2] Ibidem p. 121.

bei Entartungen der hinteren Hemisphären, d. h. der Nacken- und
Scheitel-Nacken-Partien.

Professor Charcot beschreibt einen sehr interessanten Fall.
Ein Arbeiter beförderte einen Karren mit Aepfeln und hielt seine
Pfeife im Munde. Letztere fiel plötzlich zu Boden und ihr Besitzer
wollte sie mit der linken Hand aufnehmen, als er die Wahrnehmung machte, dass er diese Hand nicht mehr bewegen konnte.
Nichtsdestoweniger setzte er seinen Weg ungehindert fort, da seine
Füsse völlig gesund waren. Nach kurzer Zeit starb der Patient,
und die Section ergab, dass sich die Verletzung im unteren Theil
der aufsteigenden Stirn- und Scheitelrinde befand.

Besonders interessant und beweiskräftig sind folgende im
Lehrbuche der Chirurgie von Prof. Albert-Wien mitgetheilte
Fälle: Beim Felsensprengen flog einem Arbeiter eine eiserne
1¼ Zoll dicke, mit einer polirten Spitze versehene Bohrstange
durch den Schädel, und es trat Heilung ein. Als er nach drei-
zehn Jahren starb, wurde durch die Section jeder Zweifel behoben.
Der Schädel ist im Museum zu Boston aufbewahrt. Der zweite
Fall trug sich in der Schlacht bei Landrecies zu. Dort wurde
22 Verwundeten durch horizontale Hiebe der Scheitel abgehauen.
Zwölf hatten handbreite Wunden mit beträchtlichem Substanzverlust
des Hirns und der Hirnhäute; alle machten einen Marsch von sechs
Tagen zu Fuss und wurden dann verbunden.

Dass eine Verletzung des Grosshirns nicht immer zur Bewusstlosigkeit führt, beweist auch ein in der Chirurgie von Stro-
meyer beschriebener Fall, wonach im englisch-afghanischen Kriege
ein Soldat, dem durch den Säbel eines Afghanen ein Theil des
Schädels und Gehirns abgehauen worden war, trotzdem den Kampf
weiter fortsetzte.

Ich könnte aus der Chirurgie und der Klinik noch eine ganze
Menge ähnlicher Fälle anführen, wo Gehirnverletzungen im Momente
der Verletzung nicht zur Bewusstlosigkeit geführt haben, das
Gesagte dürfte aber bereits genügen, um zu beweisen, dass weder
Verletzungen des Schädels, noch auch des Gehirns selbst unbedingt
den Verlust des Bewusstseins herbeiführen müssen. Eine Verletzung
des einen oder anderen Theiles des Gehirns, wodurch das Thier
hinfällt, und seines Bewegungs- und Sehvermögens beraubt wird,
darf also nicht als Beweis für den Verlust der Empfindungsfähig-

keit des Thieres angesehen werden, vielmehr kann das Thier oft im vollsten Besitze des Bewusstseins sein und uns doch bewusstlos erscheinen, indem es nicht im Stande ist, seine Schmerzempfindungen auf irgend eine Weise zu dokumentieren. In der medicinischen Praxis haben wir oft Gelegenheit, uns zu überzeugen, dass die Bewusstlosigkeit nicht überall da wirklich vorhanden war, wo sie uns vorhanden zu sein schien. Es sind Fälle allgemein bekannt, wo Patienten, die von ihrer ganzen Umgebung für bewusstlos gehalten wurden, nach erfolgter Genesung erzählten, dass sie das Gespräch der Aerzte, von denen sie zum Tode verurtheilt worden waren, genau gehört hätten, welche Verzweiflung sie hierbei ergriffen u. s. w. Sie hatten überhaupt Alles, was um sie her vorging, gemerkt und waren bloss nicht im Stande, ihrem Bewusstsein und ihren Empfindungen einen Ausdruck zu geben.

Wir sehen also, dass auch beim Menschen, trotz seines dünnen Schädeldaches, selbst schwere Verletzungen des Schädels nicht immer Bewusstlosigkeit zur Folge haben, um wieviel weniger geschieht dies beim Rind.

Ich selbst habe erst neulich im Laboratorium der Berliner thierärztlichen Hochschule einen Fall erlebt, der mich geradezu frappiert hat. Ich ging in Gegenwart mehrerer Physiologen daran, zwei zum Schlachten bestimmte Kaninchen, das eine mit vorherigem Kopfschlag, das andere direct (nach der jüdischen Methode) zu schlachten, um den Blutausfluss in beiden Fällen dem Gewichte nach zu vergleichen. Ich bediente mich, um dem Thiere die Schmerzen nach Möglichkeit zu ersparen, eines eisernen Hammers im Gewichte von 650 Gr. und führte den Schlag auf den vorderen Theil des Schädels mit aller mir zu Gebote stehenden Kraft. Wie gross war aber unser aller Erstaunen, als das Thierchen, das gerade nur dreimal so schwer war, wie der Hammer, (es wog 1950 Gr.) nach dem Schlage nicht nur stehen blieb, sondern auch das Bewusstsein und sogar die Sehreflexe behielt.

Die Statistik meiner in Hunderten von Fällen in deutschen und schweizerischen Schlachthäusern angestellten Beobachtungen erzielt als Durchschnittszahl fünf bis sechs Schläge für jeden Ochsen, ehe die vollständige Betäubung desselben angenommen werden kann. Berechnen wir die Dauer für das Aufheben und Herablassen des Hammers, einschliesslich der Zwischenpausen mit je einer

Secunde, so währt auch dann das Leiden des Thieres bis zur
Betäubung 12 Secunden. Wie oft hatte ich aber Gelegenheit zu
beobachten, dass diese Manipulationen überhaupt nicht nach Secunden
berechnet werden können. Mitunter geschieht es sogar, dass nach
längeren, erfolglosen Bemühungen der ermüdete Bursche durch einen
anderen abgelöst wird, während das gequälte Thier mittlerweile
unter den schrecklichsten Schmerzen seines weiteren Schicksals
harrt. Wenn nun solche Vorkommnisse in den grössten und best-
eingerichteten Schlachthäusern Deutschlands, wo man natürlich
auch die geschicktesten Kräfte zur Verfügung hat, möglich
sind, was lässt sich erst bei der Betäubung auf dem Lande mit
den primitiven Einrichtungen erwarten! Wie qualvoll muss bei
einem solchen Misslingen dem Thiere der Tod werden! Kann
ein Mensch mit gesunder Vernunft diese Schmerzen auch nur
im Entferntesten mit denjenigen vergleichen, welche beim Durchschneiden der Halsarterien und der übrigen Halsgefässe dem
Thiere verursacht werden, wobei, wie von mir und anderen
Kommissions-Mitgliedern nachgewiesen wurde, schon nach 5 Sekunden
Bewusstlosigkeit eintritt?! Meine Berechnung, dass im Durchschnitt 5—6 Schläge zur Betäubung eines Ochsen erforderlich sind,
wird von vielen Professoren der Thierheilkunde und Schlachthaus-
Directoren, wie Prof. Chauveau, Gerlach, Adam, Zangger,
Hertwig u. v. a. bestätigt, während eine vom Vorstande der
Fleischer-Innung zu Frankfurt a. M. am 5. Dezember 1885 abge-
gebene Erklärung noch darüber hinausgeht. Es wurden in dessen
Gegenwart, wie die Erklärung besagt, auf neun Ochsen insgesammt
71 Schläge abgegeben, also im Durchschnitt nahezu 8.[1])
Verfolgen wir die fernere Prozedur beim Schlachten mit
vorheriger Betäubung, so sehen wir, dass vom Momente der
Betäubung bis zu der Blutentziehung in der Regel eine bestimmte
Zeit vergeht, da erfahrene Schlächter, weil sie wissen, dass gleich
nach der Betäubung der Blutausfluss ein zu ungenügender ist, sich
mit der Blutentziehung durchaus nicht beeilen. Nun habe ich aber
oft zu constatieren Gelegenheit gehabt, dass nach dem ersten auf
den Kopfschlag erfolgenden Messerstich, insbesondere, wenn das
Messer nicht ganz scharf ist, und der Schlächter, um in die Brust-

---

[1]) Siehe Frankfurter Intelligenzblatt N. 286, 6. Dez. 1885; 24. Beilage.

höhle zu gelangen, zu tief mit demselben herummanövrirt, der bis dahin ganz ruhig liegende Ochs deutliche, „bewusste" Bewegungen ausführt In Fällen, wo die Pause zwischen dem Kopfschlag und der Blutentziehung aus diesem oder jenem Grunde eine längere war, habe ich beim Thiere so deutliche Zeichen von Bewusstsein beobachtet, dass auch ein Nichtarzt sie mit Leichtigkeit hätte constatiren können. Manchmal hörte ich dabei ein ergreifendes Stöhnen als Ausdruck des Schmerzes.

Analysiren wir also alle diese Erscheinungen mit prüfendem, erfahrenem Blick und mit Anwendung der Erfahrungen der Physiologie, der Chirurgie und der Klinik, so müssen wir zu der Ueberzeugung gelangen, dass hinsichtlich der Humanität die Schlachtmethode mit vorheriger Betäubung den Vergleich mit der jüdischen Schlachtmethode keineswegs aushalten kann.

Gehen wir nun zu einer anderen Tödtungsart über, welche in manchen deutschen und schweizerischen Schlachthäusern, z. B. Leipzig, Genf u. s. w. angewandt wird, nämlich zu der Bruneau'-schen Maske, und wir werden sehen, dass es hier um die „Humanität" noch weit trauriger bestellt ist.

2. Die Bruneau'sche Maske.

Ich will bei dieser Methode, sowie bei der Schussmaske, von der weiter unten die Rede sein soll, etwas länger verweilen, weil ich sie in meinen Referaten wenig erörtert habe. Es geschah dies deshalb, weil sie in Russland, nachdem wiederholte Versuche gemacht worden waren, als der Humanität nicht entsprechend und zur Ausblutung des Fleisches ungeeignet bereits längst aufgegeben worden sind.

Die Methode besteht bekanntlich darin, dass dem Ochsen eine Maske mit einem eisernen Bolzen in der Mitte auf die Stirn gesetzt und letzterer durch einen Hammerschlag dem Thiere in's Gehirn getrieben wird, was das Niederstürzen des Opfers zur Folge hat. Sodann wird nach der immerhin mit einigem Zeitverlust verbundenen Entfernung der Maske in die mit dem Bolzen in den Schädel des Thieres geschlagene Oeffnung ein spanisches Rohr von ungefähr einem Meter Länge eingeführt und mit demselben im Gehirn und Rückenmark des Thieres hin- und hergefahren, um das verlängerte Hirnmark — den Sitz aller Lebenscentren — zu zerstören. Man braucht sich diese Methode nur genau und objectiv anzusehen, um zu erkennen, dass das Thier, während man mit einem Rohre in den empfindlichsten Theilen seines Nervensystems herumwirthschaftet, fürchterliche Schmerzen leiden muss — von dem Eintreiben des Bolzens in's Gehirn ganz abgesehen. Ich will von den nach Hunderten zählenden Beobachtungen, welche ich allein gemacht habe, nicht sprechen; es genügt vollkommen, wenn ich diejenigen Fälle anführe, die ich in Gemein - schaft mit den Veterinärärzten der Schlachthäuser beobachtet habe.

Am 15. September v. J. wurden im Leipziger Schlacht- hause in meiner und des amtirenden Veterinärarztes Herrn Theodor Schubert Gegenwart drei Ochsen hintereinander vermittelst Bolzen- apparates geschlachtet. Der erste erhielt, bis er zu Fall gebracht wurde, sieben Schläge auf den Bolzen, der zweite fünf, der letzte drei. Hierauf begann der Schlächter das spanische Rohr in die Schädelöffnung einzuführen. Aber er konnte, da der Kopf des Thieres so lag, dass er mit dem Rumpf einen gewissen Winkel bildete, lange Zeit die richtige Stelle, das Loch, welches das ver- längerte Hirnmark mit dem Rückenmark verbindet (foramen occi- pitale,magnum), nicht treffen. Beim ersten Ochsen dauerte die ganze Procedur, bis zur Blutentziehung geschritten werden konnte, acht Minuten. Das Interessanteste an der Sache war aber, dass bei der von mir in Gegenwart des genannten Veterinärarztes vor- genommenen Eröffnung des Schädels des ersten und zweiten Ochsen sich das verlängerte Hirnmark der Thiere, trotz der so qualvollen Manipulationen in ihrem Gehirn, zum grössten Erstaunen des Herrn Schubert als durchaus unverletzt erwies. Das spanische Rohr hatte dasselbe nicht einmal berührt.[1]) Und so wurde die von mir in meinen Referaten ausgesprochene theoretische Voraussetzung, dass der Bolzen bei der geringsten Ablenkung das verlängerte Mark nicht verletzt, vollkommen bestätigt. Ich gehe aber noch weiter und nehme an, dass es in Anbetracht der Richtung, welche der Bolzen bei der anatomischen Lage des verlängerten Markes einschlagen muss, anatomisch überhaupt unmöglich ist, das verlängerte Mark zu verletzen. Es genügt aber schon

---

[1]) Ich habe das Präparat in Spiritus aufbewahrt.

vollkommen, wenn in den zwei untersuchten Fällen das verlängerte Mark, abgesehen vom Bolzen, nicht einmal mit dem spanischen Rohr erreicht wurde!

Im Genfer Schlachthause, wo ich am 5. October in Gegenwart des Sanitäts-Inspectors und Schlachthaus-Veterinärarztes Herrn Georges Sulmey und vieler anderer Personen meine Beobachtungen machte, erlebte ich folgenden Fall: In der Schlachtkammer No. 24 des Schlächters Alexander Deleamont mussten bei einem Ochsen zwölf Schläge auf den Bolzen geführt werden, ehe der Schädel durchbohrt war. Nach dem ersten Schlage sprang der Bolzen heraus und erwies sich als unbrauchbar. Man holte eine andere Maske und versetzte weitere 4 Schläge. Der Ochs stürzte zusammen, sprang jedoch nach dem fünften Schlage wieder auf, so dass noch weitere sieben Schläge nöthig wurden. Insgesammt erhielt dieses Thier also 12 Schläge. Die übrigen Rinder erhielten je 2 bis 3, und nur ein einziges fiel gleich nach dem ersten Schlage. In einem Falle zerbrach der Bolzen der Maske unter der Wucht des Schlages.

Analoge Erscheinungen beim Schlachten mit der Maske habe ich auch in vielen anderen Schlachthäusern beobachtet. Von vier Ochsen, welche in meiner und des berühmten Professors der Berner thierärztlichen Hochschule Alfred Guillebeau Gegenwart vermittelst der Bruneau'schen Maske geschlachtet wurden, war das Resultat folgendes: Ein Ochs fiel erst nach dem fünften Schlage, ein anderer stand noch ganz ruhig da, als ihm der eiserne Bolzen der Maske bereits im Gehirn sass, und man hatte mit ihm viel Schererei, bis er zu Fall gebracht wurde. Hierauf erst begannen die Manipulationen zur Zerstörung des Gehirns vermittelst eines Rohres.

Das kann übrigens auch gar nicht anders geschehen. Soll mit einigem Recht erwartet werden können, dass der Bolzen, wenn auch nicht mit dem ersten, so doch wenigstens mit dem zweiten Schlage den Schädel des Ochsen durchdringen werde, dann müssen eine ganze Masse von Bedingungen erfüllt werden: die Maske muss gut auf den Kopf des betreffenden Thieres passen; der Bolzen muss stets sehr scharf sein, was in grossen Schlachthäusern, wo täglich Hunderte von Ochsen geschlachtet werden, schwer zu erreichen ist; derselbe darf nicht beweglich sein, eine Forderung, die nur von neuen Masken erfüllt wird. Ich hatte oft Gelegenheit zu sehen, dass ein Schlächter, nachdem er 8—10 Schläge auf den Bolzen abgegeben, sich überzeugte, dass derselbe unbrauchbar geworden sei, und fortging, um einen anderen zu holen, während der Ochs, der bereits 8—10 Schläge erhalten hatte, sein weiteres Schicksal erwartete. Wie oft kommt es vor, dass der Bolzen bei der Wucht des Schlages herausspringt und man ihn im Schlachthause zu suchen beginnt, während das bereits verwundete Thier auf die weiteren Schläge warten muss.

Wird nun nach all den Qualen, die dem Thiere beim Eintreiben des Bolzens verursacht werden, das gewünschte Ziel auch wirklich in allen Fällen erreicht? Sind wir zu der Annahme berechtigt, dass das Thier, nachdem ihm der Bolzen auf so grausame Art in's Gehirn gejagt wurde, wenigstens jetzt auch wirklich in allen Fällen sofort das Bewusstsein verlieren muss? Auf Grund wissenschaftlicher Forschungen und praktischer Erfahrungen im Schlachthause muss ich diese Frage verneinen.

Ich habe bereits oben (Seite 22 ff.) auseinandergesetzt, dass Verluste ganzer Partien des Gehirns nicht immer zur sofortigen Bewusstlosigkeit führen, umsoweniger ist also vom Eintreiben eines Bolzens in's Gehirn in allen Fällen ein solcher Erfolg zu erwarten. Sogar beim Menschen, dessen Gehirn und Nervensystem viel empfindlicher ist, als das der Säugethiere, geschieht dies nicht immer, wie folgender Fall beweist[1]): „Ein 67jähriger Schneidermeister hatte sich am 27. November 1891 vor dem Spiegel 5 Drahtstifte in den Schädel geschlagen und sich dann ruhig hingelegt. Nach zwei Stunden aufgefunden, wurde er in's Krankenhaus geschickt, wohin er sich zum Theil zu Fuss, zum Theil per Pferdebahn begab. Die Untersuchung des anscheinend ganz gesunden Mannes ergab, dass 4 Nägel am Scheitel eingeschlagen waren, wovon einer S-förmig verbogen war; von den andern 3 Nägeln waren nur die Kuppen zu sehen; ein fünfter war in die rechte Schläfe getrieben, 8 cm. über dem Ohrläppchen. Vier der Nägel wurden mit einer Knochen-Kneipzange leicht extrahiert; der Schläfennagel aber war an der Spitze umgebogen und konnte nur durch eine Halbkreisdrehung entfernt werden. Die extrahirten Stifte hatten eine Länge von 4,3 cm. bei 2 mm. Dicke. Die Wunden am Scheitel heilten

---

[1]) Dr. Cissel: Selbstmordversuch durch Einschlagen von 5 Nägeln in den Schädel. Aus dem allg. Krankenhause in Wien (Wiener klin. Wochenschr. 1892 No. 16).

per primam (ohne Spuren zu hinterlassen). Irgendwelche Hirnsymptome zeigten sich bei dem Patienten nicht, obgleich unzweifelhaft das Gehirn mehrfach verletzt sein musste, besonders durch den verbogenen Schläfennagel. Patient wurde am 3. Januar 1892, geheilt entlassen und befindet sich gegenwärtig ganz wohl."

Man könnte einwenden, es habe sich hier bloss um dünne Stifte gehandelt, während wir es bei der Schlachtmaske mit einem mächtigen Bolzen zu thun haben. Man darf aber den Unterschied zwischen den menschlichen Schädelknochen und denen eines Ochsen nicht vergessen, bei welchem der in die Stirn eingetriebene Bolzen erst die weiten Knochenhöhlen des Schädels durchdringen muss, ehe er zu dem im hinteren Theile des Kopfes gelegenen Gehirn gelangt.

Der beste Beweis für die Untauglichkeit der Bolzen-Maske liegt wohl in der Thatsache, dass man seit ihrer Erfindung nicht aufgehört hat, auf neue Constructionen und sog. Vervollkommnungen zu sinnen. Die Erfindungen nach dieser Richtung hin schiessen wie die Pilze aus dem Boden hervor, verschwinden aber ebenso schnell, wie sie gekommen, denn ein auf falschen Principien beruhendes System kann nicht vervollkommnet werden. So wurde in neuerer Zeit eine Federmaske erfunden. Diese hat zwar den Vortheil, dass der federnde Bolzen nicht herausspringt, aber — er schnellt zurück, und das arme Thier muss doch mehrere Schläge erhalten, bis es zu Fall gebracht wird.

In neuester Zeit hat die Firma Boom in Kopenhagen zwei neue Schlachtmasken, die eine für Rinder, die andere für Kälber, angefertigt, deren Construction auf dem Princip der Bouterolle beruht. Neu ist nur die Art der Befestigung auf den Kopf des Thieres. Diese Apparate sind jedoch, wie aus der vom Director des Kopenhagener städtischen Schlachthauses, Herrn Dr. med. Schwarz-Stolp, gegebenen Beschreibung seiner Versuche mit denselben ersichtlich ist, noch viel unzulänglicher als ihre Vorgänger. Derselbe schreibt:[1])

„Durch zahlreiche Versuche mit beiden Masken habe ich folgendes festgestellt: Die Applikation ist bei Kälbern im

---

[1]) Ueber neuere Schlachtvieh-Betäubungsapparate von Dr. med. Schwarz-Stolp (Zeitschr. für Fleisch- und Milchhygiene, Juni 1893, Heft 9).

Vergleich mit der sonst üblichen Betäubung mittelst der Keule sehr zeitraubend, ausserdem fällt bei dem Hin- und Herschlagen des Kopfes der auf dem Schragen liegenden Thiere die Maske leicht ab, so dass sich diese als durchaus unzweckmässig erweist." . . . „Beide Boom'sche Masken sind sehr complicirt und mit zahlreichen Nebenapparaten ausgestattet, welche durch Fehlschläge und unzartes Umgehen leicht zertrümmert werden können. Setzt man nämlich dem Rinde die Maske mit den ausgezogenen Backentheilen auf und drückt auf die unter dem Führungsloch befindliche Feder, so schnellen die Seitentheile mit einem lauten Geräusch zusammen und erschrecken das ohnehin unruhige Thier so, dass es förmlich aufgeregt wird."

Es ergiebt sich also, dass die Boom'sche Maske in keiner Weise Vortheile bietet. Uebelstände dieser oder anderer Art finden wir auch bei sämmtlichen anderen Masken (Erfurter Maske, Leinert'sche Maske u. s. w.)

Abgesehen von meinen eigenen Versuchen und Beobachtungen, hat auch der Berliner städtische Oberthierarzt und Director der Berliner städtischen Fleischschau, Herr Dr. Hertwig, in Gemeinschaft mit dem Köngl. Departementsthierarzte, Herrn Wolf, mit vielen dieser Apparate im Berliner Schlachthause Versuche angestellt, bei denen sich dieselben nicht bewährt haben. Auch in mehreren russischen (St. Petersburg, Warschau) Schlachthäusern wurden mit der Maske Versuche angestellt, welche ein negatives Resultat ergaben, weshalb dieselbe verworfen wurde.

Gehen wir nun zur Betrachtung der Tödtung vermittelst der Sigmund'schen Schussmaske über, so finden wir, dass das Schlachtthier dabei keineswegs besser daran ist; ja hier liegen die Dinge noch schlimmer.

3. Die Sigmund'sche Schussmaske.

Es ist eigentlich kaum nöthig, über die wissenschaftlichen und praktischen Mängel dieser Maske zu sprechen, da ihre Untauglichkeit sich, wie es scheint, sogar bereits in dem vom Erfinder, dem Veterinärarzt Sigmund, geleiteten Schlachthause zu Basel herausgestellt hat. Trotz der eifrigen Bemühungen Sigmund's, der diese

Maske bereits im Jahre 1886 erfunden, hat dieselbe nicht nur in den übrigen Schlachthäusern der Schweiz und Deutschlands keinen Eingang gefunden, sondern wird sogar in dem von ihm selbst geleiteten Baseler Schlachthause durchaus nicht in allen Fällen angewandt. Bei meinen im Laufe eines ganzen Tages angestellten Beobachtungen im Baseler Schlachthause ergab sich das Resultat, dass in mehr als der Hälfte der Fälle vermittelst Kopfschlages geschlachtet wird, den die Metzger der Schussmaske vorziehen. Anfangs glaubte ich, die Metzger müssten für die Benutzung der Maske und die Kugeln bezahlen; aber sie erklärten mir mit einem vielsagenden Lächeln: „Diese Gefälligkeit bekommen wir umsonst, aber wir bedanken uns schön." Hierbei muss noch eine Thatsache hervorgehoben werden, welche mir Schlachthausdirector Sigmund selbst mitgetheilt hat, dass nämlich die Metzger für jeden misslungenen Fall beim Schlachten vermittelst Kopfschlages vom Director, wenn er es bemerkt, bestraft werden. Derselbe hat sogar ein besonderes Strafbuch dafür! Und dennoch halten es manche Metzger für vortheilhafter, sich der Gefahr einer Bestrafung auszusetzen, als die Schussmaske anzuwenden. Ich habe im Baseler Schlachthause viele Metzger über den Grund ihrer Abneigung befragt und stets die Antwort bekommen: „Es blutet ja gar nicht aus", oder: „Wir können die Schussmaske nicht anwenden, weil alles Blut im Fleische zurückbleibt und dasselbe sich schnell zersetzt."

Der Erfinder selbst, Herr Sigmund, mit dem ich darüber sprach, stellte die Thatsache nicht in Abrede, dass unmittelbar nach dem Schusse das Blut ungenügend ausfliesst, meinte aber, dass, wenn man einige Zeit abwartet, dann der Blutausfluss ein vollkommen ausreichender ist. Der obengenannte Erfinder lässt hierbei ganz ausser Acht, dass, wenn man mit dem Blutablassen längere Zeit nach dem Schusse warten soll, das Bewusstsein des Ochsen alsdann, nachdem der erste betäubende Eindruck vorüber ist, bis zu einem gewissen Grade wieder erwachen kann. Sind denn nicht aus den Feldzügen Fälle bekannt, wo Menschen, die eine Kugel in den Kopf bekommen haben, nach dem ersten Momente der Betäubung wieder zu Bewusstsein gekommen sind? Schon im Laufe eines einzigen Tages hatte ich in Basel, wo man doch selbstverständlich mit der Schussmaske besser umzugehen versteht, als irgendwo anders, Gelegenheit zu beobachten, dass ein Rind, welches den

Schuss erhalten hatte, mit der Maske vor den Augen nach vorne
rannte und mit dem Kopfe an die Wand stiess, so dass der Schuss
wiederholt werden musste. In einem anderen Falle sprang der
Ochs einige Sekunden, nachdem er den Schuss erhalten, wieder
auf; man versetzte ihm sodann einige Hammerschläge auf den
Kopf, aber auch das genügte nicht, da er noch immer Versuche
machte, sich zu erheben. Endlich versetzte ihm ein dritter
Arbeiter den Nackenstich, und erst jetzt konnte zur Blutentziehung
geschritten werden. Man darf schliesslich nicht vergessen, dass
sich im Schädel eines Ochsen, wie bei Zersägungen leicht gesehen
werden kann, Knochenhöhlen von besonders grosser Ausdehnung
befinden. In einer solchen kann die Kugel leicht stecken bleiben,
ohne die hintere Wand zu durchbrechen und das Gehirn zu verletzen. Bekanntlich kommt es auch beim Menschen, dessen Schädel
sehr dünnwandig ist, mitunter vor, dass eine Kugel um die Schädelknochen herumgeht, ohne das Gehirn zu erreichen — um wie viel
eher muss dies beim dickwandigen Ochsenschädel möglich sein.

Die Schussmaske kann also trotz der gewaltigen Reklame
ihres Erfinders Sigmund durchaus nicht als das Ideal einer Schlachtmethode betrachtet werden, weder vom humanitären, noch vom
hygienischen Standpunkte. Kommt ja zu diesen Mängeln noch der
fernere hinzu, dass, wie bereits bemerkt, die Detonation des
Schusses auf die Anwesenden einen unangenehmen Eindruck machen
und die Rinder im Schlachthause erschrecken muss. Endlich kann
das Hantieren mit den Kugeln, wie manche Veterinärärzte richtig
bemerkt haben, auch leicht zu Unglücksfällen führen.

Alle diese Unzulänglichkeiten der Schussmaske sind eine ausreichende Erklärung dafür, dass es ihrem Erfinder trotz eifrigsten
Bemühens doch durchaus nicht gelingen will, derselben Anerkennung
zu verschaffen, nicht einmal in seinem eigenen Reiche, dem Baseler
Schlachthause.

4. Der Nackenstich (Das „Nicken").

Diese in den grössten Schlachthäusern Russlands (St. Petersburg, Moskau, Charkow, Kasan), sowie in einigen deutschen und
schweizerischen Schlachthäusern übliche Methode besteht darin, dass
dem Rind von vorne nach hinten längs des Hinterhauptbeines in
den zwischen diesem und dem 1. Halswirbel (dem sog. Atlas)

Sagittal- (Längs-) Schnitt durch den gefrorenen Kopf und Nacken eines vermittelst Nackenstich getödteten Ochsen.

Die Topographie des Schädelknochens und des Gehirns.
(Nach einer photographischen Aufnahme.)

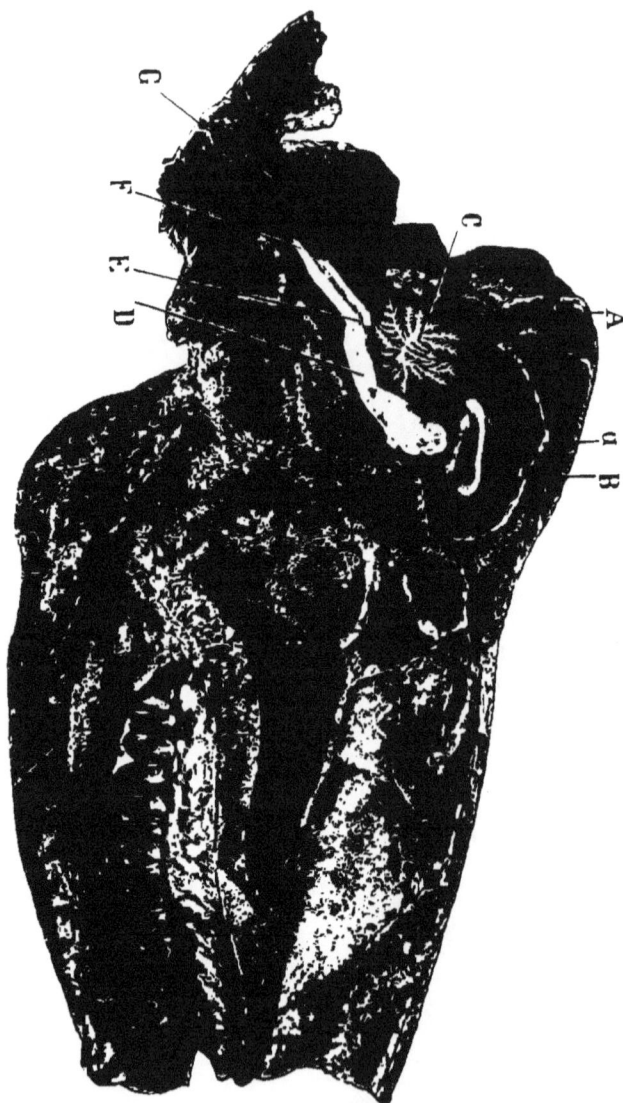

A Schädelknochen.
a Hirnhäute.
B Grosshirn (Hirnrinde).
C Kleinhirn.
D Verlängertes Mark (medulla oblongata).

E Grenze zwischen dem verlängerten Mark und dem Rückenmark.
F Die Stelle, wo das Rückenmark durch den Nackenstich verletzt wird.
G Erster Halswirbel (Atlas) künstlich etwas nach unten zurückgebogen.

Die Stelle der Verletzung des Rückenmarks beim Nackenstich.

Das Gehirn, das verlängerte und das Rückenmark, in situ

(horizontaler Sägeschnitt, $\frac{2}{3}$ der natürlichen Grösse.)

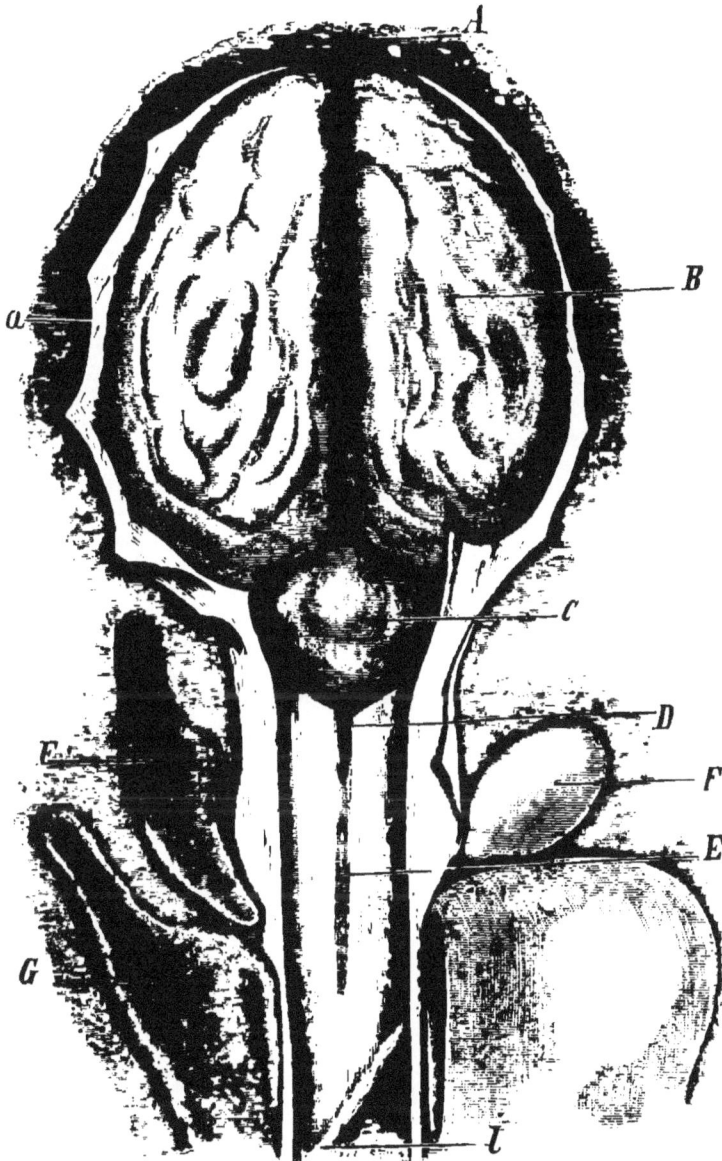

A Schädelknochen.
a Hirnhäute.
B Grosshirn (Hirnrinde).
C Kleinhirn.
D Grenze zwischen dem verlängerten Mark und dem Rückenmark.
E Rückenmark (in der Höhe der Grenze zwischen Hinterhauptbein und 1. Halswirbel).
F Gelenkhöcker des Hinterhauptbeines processus condyloidei ossis occipitalis).
G Erster Halswirbel (Atlas)
J Die Stelle, wo das Rückenmark durch den Nackenstich verletzt wird.

befindlichen engen Raum, der bei gesenktem Kopfe des Thieres erweitert und zugänglicher ist, ein Dolch hineingestossen wird. Nach dieser Operation stürzt der Ochs momentan zu Boden, ohne ein Lebenszeichen von sich zu geben. Diese Methode, welche beim Laien den Eindruck der leichtesten und schnellsten Tödtungsart macht, war früher sehr beliebt und wurde in vielen Städten Deutschlands und anderer Staaten angewandt, wird aber gegenwärtig in Deutschland und in der Schweiz nur noch in wenigen Orten gebraucht, während sie jetzt in Russland, wo sie vor etwa 20 Jahren eingeführt wurde, wohl die beliebteste, in den massgebendsten Schlachthäusern übliche ist.

Das Prinzip dieser Tödtungsart beruht auf der Annahme, dass beim Einbohren des Dolches das verlängerte Mark, wo die Physiologen seit Flourence den Sitz aller Lebenscentren — der Herzthätigkeit wie der Athmung — suchen, verletzt werde, so dass angeblich momentan der Tod eintreten müsse. Die Ansicht, dass bei Anwendung dieser Schlachtmethode das verlängerte Mark verletzt wird, herrschte nicht nur bei Physiologen, sondern auch bei sehr hervorragenden Veterinären, wie Prof. Gerlach u. A. und wird auch heute noch von allen denjenigen aufrecht erhalten, welche es unterlassen haben, sich mit meinen diesbezüglichen, bis vor Kurzem allerdings nur in russischer Sprache veröffentlichten Untersuchungen vertraut zu machen. Die anatomischen Untersuchungen, welche ich im Jahre 1892 auf's Sorgfältigste anstellte, haben an Präparaten von gefrorenen Köpfen nach dieser Methode geschlachteter Rinder den Beweis geliefert, dass es in Anbetracht des anatomischen Baues des 1. Halswirbels und seiner Beziehungen zum Hinterhauptbein bei der vorhandenen Richtung des Dolches anatomisch unmöglich ist, das verlängerte Mark zu verletzen[1]).

---

[1]) Ueber die Details dieser Untersuchungen habe ich seinerzeit in der St. Petersburger medicinischen Gesellschaft am 1. und 15. Dezember 1892 referiert, so dass diejenigen, welche sich dafür interessiren, sie in meiner Schrift „Die anatomisch-physiologischen Grundlagen der verschiedenen Schlachtmethoden" (Berlin 1894) nachlesen können. Aus den beigegebenen beiden Illustrationen, (eine photographische Aufnahme eines Präparates von einem durchsägten gefrorenen Ochsenkopfe und eine Zeichnung nach der Natur) gehen die Beziehungen zwischen Schädelknochen und verlängertem Mark, sowie die Unmöglichkeit, das letztere durch den Nackenstich zu verletzen, auf das Klarste hervor.

Ich sage „bei der vorhandenen Richtung", d. h von vorne nach hinten, weil dies die Richtung ist, die in allen Schlachthäusern gewählt wird und es bei einiger Uebung nicht schwer macht, mit dem Dolche in die oben beschriebene Oeffnung zu gelangen. Wollte man die Richtung umgekehrt, von hinten nach vorne, nehmen, so könnte es geschehen, dass wegen der Dicke der Halsmuskeln des Ochsen und des dicken fibrösen Nackenbandes, das jene Oeffnung überzieht, mehrere Stiche erforderlich würden, bis man in die Oeffnung gelangt, was dem Thiere natürlich grosse Schmerzen verursachen müsste. Hierin ist der Grund zu suchen, weshalb überall, wo diese Methode in Gebrauch ist, der Stich von vorne nach hinten geführt wird.

Steht nun aber einmal fest, dass die Verletzung des verlängerten Marks unmöglich ist, so wird es auch sofort einleuchten, dass diese Tödtung eine sehr qualvolle sein muss, da hierbei die hinteren empfindlichen Nervenwurzeln des Rückenmarks verletzt werden. Das Niederstürzen des Thieres wird durch die Verwundung des Rückenmarks veranlasst, welche eine Lähmung der Extremitäten und sämmtlicher unterhalb der Durchschneidung befindlichen Muskeln herbeiführt, während nicht allein Athmung und Herzthätigkeit des Thieres fortdauern, sondern letzteres sich noch vollkommen bei Bewusstsein befindet. Ein solches Thier hat in Gegenwart der Mitglieder der „Kommission zur Auffindung der besten Schlachtmethode" aus meiner Hand Brot mit Salz gefressen. Die schreienden Mängel dieser Methode habe ich in meinen St. Petersburger Vorträgen genügend beleuchtet und ich kann daher auf eine ausführliche Behandlung derselben an dieser Stelle verzichten. Nur noch eine kleine Episode sei mitgetheilt, weil dieselbe als vortreffliche Illustration dafür dienen kann, mit welcher Oberflächlichkeit über den Werth der Schlachtmethoden abgeurtheilt wird, und mit welcher Leichtfertigkeit von Leuten, denen jegliche Sachkenntniss abgeht, angeblich aus Humanität, Erfindungen gemacht und empfohlen werden, welche in Wahrheit geeignet sind, das Loos der armen Thiere nur noch zu verschlimmern.

Am 9. October 1893 befand ich mich im Laboratorium des Professors der thierärztlichen Hochschule zu Bern, Herrn Alfred Guillebeau, in lebhafter Unterhaltung über die verschiedenen Schlachtmethoden, als sich ein Franzose vorstellte mit der Mit-

theilung, dass er eine Maschine erfunden habe, vermittelst welcher
der Tod eines Thieres durch Zerstörung des verlängerten Marks
„in einem Moment" herbeigeführt werden kann; er habe diese seine
Erfindung in Lausanne und im Kanton St. Gallen vor Mitgliedern
der dortigen Thierschutzvereine demonstriert, und die Herren seien
entzückt gewesen, da bei Anwendung der Maschine der Ochs im
Moment nicht nur das Bewusstsein verloren, sondern überhaupt
kein Lebenszeichen mehr von sich gegeben habe. Ich untersuchte
den Apparat genau und überzeugte mich sogleich, dass es sich
hier um nichts anderes, als um eine bequemere, maschinelle
Anwendung des mir sattsam bekannten Nackenstiches handelt.
Trotzdem bat ich Herrn Professor Guillebeau, sich mit mir und
dem Erfinder nach dem Schlachthause zu begeben, um einige
Versuche anzustellen, was er auch that. Das Resultat war folgendes:
Von zwei Ochsen, die den Nackenstich vermittelst dieses
„neu erfundenen" Apparates erhielten, blieb der erste, der sofort
nach dem Nackenstich noch obendrein die angenehme Zugabe von
mehreren wuchtigen Kopfschlägen erhalten hatte, selbstverständlich
auch bewegungslos liegen. Der zweite dagegen, bei welchem auf
mein Ersuchen die Schläge nach dem Nackenstich unterblieben,
gab noch deutliche Lebenszeichen von sich: er schloss beim Drohen
mit der Faust die Augenlider u. s. w.; nach einigen Secunden
machte er sogar deutliche Versuche, sich zu erheben, so dass auch
ihm endlich einige Axthiebe auf den Kopf versetzt werden mussten.
Die in Gemeinschaft mit Prof. Guillebeau von mir vorgenommene
Untersuchung des Gehirns dieses Thieres ergab, dass das verlängerte Mark unversehrt geblieben war, und der Stich nur das
Rückenmark getroffen hatte — ganz so, wie ich es in St. Petersburg längst bewiesen hatte.

Aus dem Gesagten geht mit unbestreitbarer Klarheit hervor,
dass diese Schlachtmethode als die qualvollste bezeichnet
werden muss; aber abgesehen von der humanitären Seite hat dieselbe
auch noch ungeheure Nachtheile in Bezug auf die Haltbarkeit des
Fleisches. Um zu begreifen, weshalb das Fleisch sich bei dieser
Tödtungsart schneller zersetzt, als bei irgend einer anderen, muss
man sich vergegenwärtigen, dass die Nervencentren, welche die
Verengerung und Erweiterung der Gefässe regulieren, die sogenannten
vasomotorischen Centren, vorzugsweise im verlängerten Mark und

in der Halspartie des Rückenmarks liegen. Diese Centren erhalten die Blutgefässe in einer gewissen Spannung, durch welche das Blut nach dem Schlachten aus den Gefässen ausgetrieben wird. Die beim Nackenstich erfolgende Verletzung der Halspartie des Rückenmarks bewirkt aber eine Lähmung aller dieser Centren, also auch der vasomotorischen Nerven, so dass sich die Gefässe ausdehnen und das Blut in den Gefässen sich staut.

Wir wissen, dass das Fleisch um so schneller sich zersetzt, je reichhaltiger es an Blut ist, da erwiesenermassen die Haltbarkeit des Fleisches von dem Blutgehalte desselben abhängig ist.[1] Mit Recht bemerkt daher der bekannte Specialist für Fleischbehandlung Schmidt-Mülheim, dass das Fleisch auf richtige Weise getödteter Thiere gar kein Blut enthalten darf.

Für die Metzger, insbesondere für solche, die ihre Producte schnell abzusetzen im Stande sind, ist diese Schlachtmethode allerdings die denkbar günstigste. Einmal erfordert sie einen geringen Aufwand von Menschenkräften, da man durch den Nackenstich den wildesten Ochsen entwaffnen kann, und ferner das Gesammtgewicht des Fleisches bedeutend zunimmt, so dass der Metzger für eine bestimmte Menge Pfund fast ganz werthlosen Blutes den vollen Preis des Fleisches erhält.

5. Die Bouterolle.

Diese Schlachtart besteht darin, dass mittels eines besonders construirten, mit einer scharfen Spitze versehenen Hammers in den Schädel des Ochsen eine Oeffnung geschlagen wird, in welche alsdann, ebenso wie bei der Bruneau'schen Maske, zur Zerstörung des Gehirns ein spanisches Rohr eingeführt wird. Auch bei dieser Methode finden wir dieselben schlechten Seiten, wie bei der Bruneau'schen Maske, wo nicht gar noch schlechtere. Ich hatte Gelegenheit, bereits im Jahre 1882, als ich behufs Erforschung einer anderen physiologischen Frage in den Pariser Schlachthäusern arbeitete, diese Methode in dem dortigen grossen Schlachthause

---

[1] Diese Frage wird bei der chemischen Untersuchung des Fleisches eingehender behandelt werden.

La Villete zu beobachten, und war über die Grausamkeit und Sinn-
losigkeit derselben auf's Tiefste empört.

6. Die englische patentierte Schlachtmethode.

Diese Schlachtart wird in einigen Städten Englands angewandt,
um das sogen. „patentierte Fleisch" zu erhalten. Die Procedur
ist hierbei folgende: Zunächst wird das Thier durch einen Kopfschlag betäubt, hierauf wird in der Brustwand, zwischen der 4. und
5. Rippe, eine Oeffnung gemacht, in welche die Canüle eines Blase-
balges eingeführt, und dem Thiere ein grosses Quantum Luft in die
Brusthöhle getrieben wird. Dadurch wird die Lunge comprimiert,
und das Thier erstickt. Das Fleisch zersetzt sich bei dieser Schlachtmethode sehr schnell (nach wenigen Stunden).

Eine analoge Tödtungsart ohne Blutentziehung wird auch von
den nomadisierenden Völkern Russlands, z. B. den Kalmücken,
angewandt; sie unterscheidet sich von jener englischen Methode nur
darin, dass die Kalmücken das Herz des Thieres durch eine in
die linke Seite des Brustkorbes gemachte Oeffnung herausziehen und
die vom Herzen abgehenden Gefässe unterbinden.

Grausam ist jedenfalls die eine, wie die andere dieser Methoden,
und sie können höchstens nur da Eingang finden, wo eine grosse
Nachfrage nach so bluthaltigem Fleische besteht. Daher kommt es
auch, dass diese „englische patentierte Schlachtmethode" in vielen
Städten, wo sie früher angewandt worden war, bereits wieder fallen
gelassen wurde.

7. Tödtung vermittelst Electricität.

Mit diesem Mittel wurden in Amerika und England Versuche
angestellt, die aber bald wieder aufgegeben wurden, da sich das
Fleisch als ungeniessbar erwies. Abgesehen davon, könnte diese
Methode auch wohl schwerlich als eine humane bezeichnet werden,
wofür die in Amerika wiederholt angestellten Hinrichtungsversuche
vermittelst Electricität deutlich Zeugniss ablegen.

Es bliebe zum Schlusse nur noch der an einigen Orten gemachte Versuch zu besprechen, das Thier durch vorherige Narkose

vor den Schmerzen beim Schlachten zu schützen. Ein solches
Mittel wäre zu umständlich und zu kostspielig; überdies würde das
Fleisch dadurch seine Schmackhaftigkeit verlieren und könnte
auf die menschliche Gesundheit eine schädliche Wirkung ausüben.
Ich selber habe Vergiftungen von Thieren beobachtet, welche durch
den Genuss von Fleisch anderer mit Chloral und sonstigen narkotischen
Mitteln narkotisierter Thiere hervorgerufen worden waren. Im
Jahre 1882 war ich im Laboratorium des Prof. Vulpian in Paris
mit Studien über die Centren für die Contractionen der Gebärmutter
beschäftigt, wobei ich oft Kaninchen chloralisierte. Das Fleisch dieser
Thiere, welches der Diener zur Fütterung anderer im Laboratorium
gehaltener Versuchsthiere verwendete, rief bei letzteren Vergiftungs-
symptome hervor; manche Thiere verfielen nach dem Genusse dieses
Fleisches in einen rauschähnlichen Zustand, in welchem sie stundenlang verharrten.

Vergleicht man alle oben beschriebenen Tödtungsarten mit der
jüdischen rituellen Schlachtmethode (dem Schächten), bei welcher
durch eine gleichzeitige, mit einem haarscharfen Messer und von ge-
übter Hand ausgeführte Durchschneidung beider Halsarterien wirklich
fast momentane Bewusstlosigkeit eintritt, und für deren pünktliche,
vorschriftsmässige Vollziehung in dem Umstande, dass es eines der
heiligsten Religionsgesetze der Juden bildet, die sicherste Garantie
gegeben ist, so muss man zu dem Schlusse kommen, dass in Bezug auf Humanität keine einzige der vorhandenen Schlachtmethoden mit der jüdischen concurrieren kann.

Selbst das Guillotiniren, welches bei oberflächlicher Betrachtung
als die beste Methode erscheinen könnte, muss bei näherem Studium
aller einschlägigen Verhältnisse der jüdischen Schlachtmethode den
Vorzug lassen, da beim Guillotiniren — abgesehen von der Schwierig-
keit, den Kopf des Thieres gehörig zu fixieren, von der Unmöglichkeit,
die Guillotine in kleinen Orten einzuführen, und den anderen Un-
bequemlichkeiten ökonomischer Natur[1]) — die in der Halspartie des
Rückenmarkes gelegenen vasomotorischen (gefässbewegenden) Centren

---

[1]) Für Russland würden sich nach den von mir in Gemeinschaft mit
Specialisten angestellten Berechnungen, abgesehen von den bedeutenden Kosten
der allerortigen Einführung der Guillotine, allein durch die Beschädigung der
Felle die Verluste auf 20 bis 25 Millionen Rubel jährlich belaufen.

verletzt werden, was eine Lähmung der Blutgefässe und eine Stauung des Blutes in denselben zur Folge hat. Es ist eine bemerkenswerthe Thatsache, dass in Bezug auf den Werth der verschiedenen Schlachtmethoden dieselben Erscheinungen zu Tage treten, wie bei den Heilmethoden verschiedener Krankheiten. Werden gegen irgend eine Krankheit wiederholt neue Mittel in Vorschlag gebracht, so ist das der beste Beweis, dass keines dieser Mittel von sicherer Wirkung ist. So wurden z. B. gegen die Cholera Hunderte von Mitteln empfohlen, während in der Praxis mit keinem derselben irgend welche nennenswerthe Erfolge erzielt wurden; gegen Syphilis dagegen wurde schon im Alterthum Quecksilber angewandt und wird auch jetzt noch gebraucht, ein Beweis, dass dieses Mittel sicher wirkt und nur vernünftig angewandt zu werden braucht. Genau dasselbe sehen wir auch bei der Schlachtfrage. Im Laufe der letzten Jahrzehnte sind wiederholt die verschiedenartigsten Tödtungsapparate aufgetaucht, welche anfangs gewaltig viel Staub aufwirbelten, aber sich bald als unbrauchbar erwiesen und an dem einen Orte verworfen, an einem anderen dagegen wieder aufgenommen wurden. Das war sowohl beim Nackenstich, bei der Bruneau'schen Maske, als auch bei der Siegmund'schen Schussmaske, bei der Bouterolle etc. der Fall. Die jüdische Schlachtmethode dagegen wurde schon vor Jahrtausenden angewandt und ist auch jetzt noch nicht nur bei Juden, sondern, wie wir später sehen werden, auch bei vielen anderen Völkern in Gebrauch. Ohne Zweifel würde, wenn eine schmerzlose, praktisch anwendbare Schlachtmethode vorhanden wäre, jeder Metzger sich dieselbe zu nutze machen. Wie sieht es aber in Wirklichkeit damit aus? Mit jeder dieser Methoden wurden fast überall Versuche gemacht und immer die eine zu Gunsten der anderen verworfen, diese zu Gunsten einer dritten, u. s. f. So ist z. B. in Deutschland, wo früher der Nackenstich so laut gepriesen wurde, derselbe längst fast überall verworfen und durch die Betäubung, Maske, theilweise auch durch die jüdische Schlachtmethode ersetzt. In Russland dagegen war man noch bis vor ganz kurzer Zeit vom Nackenstich so entzückt, dass der Congress der russischen Thierschutzvereine vom Jahre 1891 seine allgemeine obligatorische Einführung forderte.

Ich habe oben von zwei Kategorien von Schlachtmethoden gesprochen. Nachdem wir aber dieselben genauer kennen gelernt, können wir getrost behaupten: es giebt trotz der vielen Schlachtmethoden doch nur eine einzige Tödtungsart: die Blutentziehung, denn bei allen jenen Prozeduren erfolgt der Tod des Thieres nicht durch die vermeintliche Schlachtmethode, d. h. weder durch den Kopfschlag, noch durch die Maske u. s. w., sondern durch die darauffolgende Blutentziehung, da sämmtliche Lebenserscheinungen, wie Athmung, Herzthätigkeit etc. fortdauern. Jene vorhergehenden Manipulationen dienen nur zum Niederlegen der Thiere und zum Schutze des Schlächters, damit er um so sicherer und bequemer sein Opfer fassen kann. Dieser Zweck könnte aber auf einem viel weniger thierquälerischen Wege erreicht werden. So unangenehm das Niederwerfen und Binden für das Thier sein mag, kann dasselbe doch, sogar in der primitiven Form, in der es besonders in kleinen Orten gegenwärtig bei der jüdischen Schlachtmethode geübt wird, keineswegs mit den fürchterlichen Qualen verglichen werden, welche dem Thiere durch den wiederholten Kopfschlag, den Bolzen der Bruneau'schen Maske u. drgl. verursacht werden. Dass das Niederlegen durchaus nicht mit den grossen Qualen für die Thiere verbunden sein kann, wie dies die Gegner der jüdischen Schlachtmethode so ergreifend schildern, kann uns schon die Thatsache beweisen, dass sowohl Pferde als Ochsen, wie wir oft zu sehen Gelegenheit haben, auf einem ebenfalls bloss gepflasterten Boden, der nicht minder hart ist, als der im Schlachthause, hinfallen und ganz gemüthlich, ohne irgend welchen Schaden genommen zu haben, sich wieder erheben und ihren Weg fortsetzen. Will man das Niederlegen eines Thieres überhaupt als Thierquälerei betrachten, nun, dann begehen dieselbe auch sämmtliche Veterinärärzte, welche an einem grösseren Thiere irgend eine Operation vornehmen müssen, wobei das Niederlegen unvermeidlich ist. Schliesslich könnte ja dafür gesorgt werden, dass ein guter, allen Ansprüchen genügender Niederlegapparat erfunden wird.

Einer der rührigsten Agitatoren gegen die jüdische Schlachtmethode erzählte mir, er habe im Auftrage des Berliner Thierschutzvereines bereits über vier Millionen „Flugblätter gegen das Schächten" unter das Publicum gebracht. Wenn es dem Berliner Thierschutzverein wirklich darum zu thun ist, das Loos der Schlachtthiere zu mildern, dann sollte derselbe das Geld, das er für den Druck und die Vertheilung so vieler Millionen von Flugschriften vergeudet, lieber zur Aussetzung einer Prämie für die Erfindung eines geeigneten Niederleg-Apparates verwenden, und ich bin überzeugt, die Aufgabe wäre bereits längst gelöst. Ja, die Berliner jüdische Gemeinde hätte, wie ich überzeugt bin, sicherlich selbst eine bedeutende Prämie für diesen Zweck ausgesetzt, wenn der Thierschutzverein sie darum angegangen wäre. Da sollten sich doch die Berliner Herren an ihren russischen Gesinnungsgenossen ein Beispiel nehmen, welche viel rationeller vorgegangen sind. Der russische Central-Thierschutzverein in St. Petersburg hat, wie wiederholt bemerkt, eine Kommission von Physiologen und Veterinärärzten eingesetzt, um die beste Schlachtmethode zu eruieren. Unter den Mitgliedern dieser Kommission waren anfangs viele eifrige Gegner der jüdischen Schlachtmethode; aber nach ausführlichen theoretischen Erörterungen in neun mehrstündigen Plenarsitzungen und besonders nach eingehendstem Studium der Frage im Schlachthause selbst, wurde in der Kommission die Resolution gefasst, dass die jüdische Schlachtmethode an sich durchaus nicht als den Forderungen der Humanität zuwiderlaufend bezeichnet werden könne. Die Hälfte der Kommissionsmitglieder gab sogar der jüdischen Schlachtmethode den Vorzug vor jeder anderen. Am 21. März 1893, an ebendemselben Tage, an welchem — eine Ironie des Schicksals! — ein Jahr zuvor (21. März 1892) das sächsische Ministerium auf Antrag der Veterin.-Commission dieses Landes die jüdische Schlachtmethode als eine „barbarische" verboten hat, wurden die oben erwähnten Beschlüsse im Schlussprotocoll resumiert und von den Kommissionsmitgliedern, sowie dem den Vorsitz führenden Vize-Präsidenten des Thierschutzvereins unterzeichnet. Die russische Thierschutzgesellschaft machte sich nunmehr, nachdem sie aus dem Berichte der Kommission die Ueberzeugung gewonnen hatte, dass die jüdische Schlachtmethode an sich eine gute sei, an die Aufgabe, eine geeignete Niederlegmethode zu suchen. Es zeigte sich indess, dass auch diese Bemühungen überflüssig sind, da eine solche Methode längst existiert und bereits im Jahre 1866 von

Hering in seinem „Handbuch der thierärztlichen Operationslehre"
beschrieben worden ist, und zwar als

Niederleg-Apparat nach Gurlt und Hertwig[1]):

„Eine vereinfachte Methode, Rindvieh dahin zu bringen, dass es sich
selbst niederlegt, wird als „Niederschnüren" bezeichnet. Rueff beschreibt
dasselbe (Rep. X. S. 179) nach Gurlt und Hertwig in folgender Weise:

„An dem einen Ende eines 20 Ellen langen Strickes wird eine
Schleife angebracht, welche man um die Hörner anlegt; dann geht man
mit dem Strick längs des Kammes rückwärts und bildet in der Mitte des
Halses eine Umschlingung, geht weiter zurück auf die Wirbelsäule und
bildet hinter den Schultern eine zweite Schlinge um die Brust und endlich
eine dritte in den Flanken, rings um den Bauch; das Endstück wird dem
Kreuzbein entlang nach rückwärts gehalten, und zwar nach rechts, wenn
das Thier links fallen soll, und umgekehrt. An diesem Endstück ziehen
zwei Männer, während ein dritter am Kopfe hält, falls derselbe nicht an-
gebunden wird. Durch das Ziehen verengen sich alle drei Schlingen und
das Thier wird sich nach einigen Secunden ganz sanft und ruhig auf die
Seite niederlegen und die Füsse von sich strecken, welche nun auf die
gewöhnliche Weise gefesselt werden können. Durch Einreiben der Schlingen
an den Kreuzungen mit Seife oder Talg wird die Reibung des Strickes
vermindert und das Geschäft befördert."

---

[1]) Siehe „Handbuch der Thierärztlichen Operationslehre" von Eduard
v. Hering, Stuttgart 1866, S. 25.

In Russland wurden zur Vermeidung neuer Angriffe gegen die jüdische Schlachtmethode an diesem Apparat folgende Aenderungen vorgenommen: 1) werden statt der geforderten drei Umschlingungen, um Hals, Brust und Bauch, bloss deren zwei, um Brust und Bauch, gemacht, (was vollkommen genügt), da der Ochs, wenn die Umschlingung um den Hals ebenfalls gemacht wird, während der Niederlegungsprocedur laut schnarcht, und dieses durch Zusammendrücken der Luftröhre vermittelst des Strickes erfolgende Schnarchen auf die Anwesenden einen unangenehmen Eindruck macht und leicht als Motiv für neue Angriffe dienen könnte; 2) wird ein etwas kürzerer Strick genommen und die Einreibung der Schleife mit Talg oder Seife als ganz überflüssig fortgelassen.

In neuester Zeit wurde dieser Apparat in mehreren russischen Schlachthäusern nach meinem Vorschlage noch dahin verbessert, dass an den Strick ungefähr eine Elle von der tatarischen Schleife entfernt ein Ring befestigt wird, durch welchen bei der ersten Umschlingung (um die Brust) das freie Ende des Strickes gezogen wird. Dadurch wird die Reibung ganz bedeutend vermindert.

Ich erachte es für angezeigt, aus dem Protokoll der Commission[1]) die Stelle, welche die mit diesem Apparat in den St. Petersburger Schlachthäusern angestellten Versuche behandelt, wörtlich mitzutheilen:

„Niederlegmethode,

den Commissionsmitgliedern am 30. November 1892 im
St. Petersburger Schlachthause demonstriert.

Bei den vom Veterinärarzt Peterson im Hofe des Schlachthauses ausgeführten Schlachtversuchen wurden an fünf Ochsen Niederlegversuche nach einer Methode, die sich der von Gurlt und Hertwig beschriebenen nähert, vorgenommen. Diesen Versuchen wohnten bei: die Magister der thierärztlichen Wissenschaften N. J. Eckert und M. A. Ignatjew; die Veterinärärzte Sawaïtow, Sergejew, Dedjulin und Lewitzky; der Inspector der Schlachthäuser Maksimow, der Leiter der russischen Thierschutzvereine P. P. Shukowsky, und beim letzten Versuche auch der Vorsitzende des Vereins P. W. Shukowsky.

Als Apparat zum Niederlegen diente ein fingerdicker, 20 Arschin

¹) Bulletin de la société russe protectrice des animaux, 1893, N. 7, S. 195.

langer, fester Strick, dessen ein Ende mittels einer tatarischen Schleife zu einer Schlinge zusammengebunden war. Die zum Niederlegen bestimmten Thiere wurden an eine Barriere im Hofe des Schlachthauses gebunden; einem jeden von ihnen wurde der Reihe nach die Schlinge des genannten Strickes um die Hörner gelegt und das freie Ende derselben nach hinten längs der Wirbelsäule zurückgezogen, wobei um den Rumpf des Thieres zwei Umschlingungen, ähnlich wie beim Binden von Waarenballen, gemacht wurden, die eine in der Brustgegend hinter den Schulterblättern, die andere rings um die Bauchwand. Zwei Arbeiter fassten das nachgebliebene, ziemlich lange Ende des Strickes an, und indem sie die genannten Schlingen zusammenzogen, brachten sie die Thiere schnell zu Fall.

Schon nach einigen Secunden fielen die Ochsen auf die Vorderfüsse hin; hierauf legten sie sich ruhig auf die Seite. Diese Niederlegmethode gestattet, das Thier, je nach dem Wunsche der Metzger, auf die eine oder andere Seite zu legen, und kann, wie ein Versuch gezeigt hat, sowohl auf dem Hofe, als auch in der Schlachtkammer mit gleichem Erfolge angewandt werden.

Die beim Versuche anwesenden Commissionsmitglieder erkannten einstimmig an, dass diese Niederlegmethode sehr bequem und durchaus geeignet sei, die bisher beim Vorbereiten der Ochsen für die jüdische Schlachtmethode gebräuchliche zu ersetzen."

Da nun die St. Petersburger Leitung der russischen Thier-Schutzvereine diese Niederlegungsart des Thieres als eine „leichte" und „ruhige" erkannt hatte, traf sie auch sofort die erforderlichen Massregeln, um dieselbe in allen denjenigen russischen Schlachthäusern, wo das Schächten ausgeübt wird, zur Einführung zu bringen, was ihr an vielen Orten bereits gelungen ist. Unabhängig davon that die russische Thierschutzgesellschaft jedoch noch ein Weiteres: in ihrer Sitzung vom Mai 1893 setzte sie eine Prämie von 300 Rbl. (ungefähr 650 Mk.) für die Erfindung eines noch besseren Niederleg-Apparates aus und ernannte zur Prüfung eine Commission von vier Mitgliedern, welche aus den Herren Magistern der thierärztlichen Wissenschaften N. Eckert und Jgnatjew, dem Veterinärarzte Peterson und mir besteht. Seitdem sind kaum sechs Monate verflossen, und in meinem Besitze befinden sich bereits mehrere Dutzend Modelle und Zeichnungen von Niederleg-Apparaten, die mir aus allen Enden Russlands, Deutschlands und Englands zugeschickt wurden. Zum Troste und zur Beruhigung für jene sentimentalen Mitglieder der Thierschutzvereine, die wegen der schlechten Niederlegung die jüdische Schlachtmethode verboten sehen möchten, kann ich bereits jetzt mittheilen, dass einzelne der eingelaufenen Modelle eine wirklich mehr als schonende, geradezu zärtliche Behandlung des Thieres gewährleisten.

Leider habe ich nicht das Recht, so lange die Prüfung Seitens der Commission noch nicht beendet ist, hier eine genauere Beschreibung der Modelle zu geben, da sie fremdes Eigenthum sind. Ich werde sie aber veröffentlichen, sowie die diesbezüglichen Arbeiten der Commission abgeschlossen sind.

Uebrigens habe ich in einigen der von mir besichtigten deutschen Schlachthäuser sehr gute Methoden und Apparate gesehen. Als den besten möchte ich den mir im Schlachthause zu Fulda von Herrn Stern demonstrirten Apparat bezeichnen, vermittelst dessen das Thier mit einem Griff niedergelegt wird und seine Beine gebunden werden. Allerdings kann dieser Apparat nur in Schlachthäusern, wo Winden eingerichtet sind, Anwendung finden, während der Gurt und Hertwig'sche, zu dem nichts weiter als 10—12 Meter Strick erforderlich sind, überall angewandt werden kann.

Auch für das Fixieren des Kopfes sind in letzter Zeit ganz zweckmässige Apparate erfunden worden. So z. B. der Kopfhalter von Jacob, von Thielemann u. a.

Aus dem über das Niederlegen des Schlachtthieres Gesagten geht hervor, dass diese Frage in der für das Schlachtthier günstigsten Art gelöst werden kann. Und wenn diese Procedur auch noch so umständlich für den Metzger sein sollte, so wird es doch Niemand gerechtfertigt finden können, deswegen das arme Thier durch durchschnittlich 5 – 6 Schläge auf den Kopf, und was dergleichen Methoden mehr sind, zu quälen, wodurch ja doch nichts weiter als die Niederlegung des Schlachtopfers erzielt wird. Noch viel weniger kann daraus ein Anlass genommen werden, die **einzig rationelle Tödtungsart** aus den Schlachthäusern zu verdrängen.

Dass übrigens die Vorzüge der jüdischen Schlachtmethode durch die gegenwärtig übliche Art der Niederlegung nicht beeinträchtigt werden, beweist, abgesehen von den oben erörterten wissenschaftlichen Gründen, die Thatsache, dass ganze Völker und Staaten, welche weder durch religiöse, noch durch sonstige Gründe dazu gezwungen sind, die jüdische Schlachtmethode anwenden. Dies ist z. B. der Fall in Bulgarien, in den meisten Ländern des Orients, im Staate New-York etc., in letzterem Orte auf Empfehlung des Thierschutzvereins.

In der Sitzung des Schweizerischen Nationalraths vom 27. März 1893 wurde ein Bericht des schweizerischen Consuls in New-York an seine Regierung verlesen, worin es heisst[1]):

„In den letzten Jahren haben die mosaischen Vorschriften, d. h. das Schächten, auch in den christlichen Schlachthäusern Verbreitung gefunden, weil diese Tödtungsart die schnellste ist und sich in voller Harmonie mit der Verordnung der Thierschutzvereine befindet, welche ja zur Verhinderung von Grausamkeiten gegen die Thiere begründet sind.“

In derselben Sitzung des Nationalraths gelangte auch ein Bericht des schweizerischen Consuls in St. Petersburg, des Herrn Dupont, zur Verlesung, welcher seiner Regierung folgende ihm vom Vorsitzenden des St. Petersburger Central-Thierschutzvereines, Kammerherrn Shukowski, mitgetheilte Resolution der Kommission zur Auffindung der besten Schlachtmethode“ berichtet[2]):

„Fast alle Mitglieder haben anerkannt, dass das Schächten eine Schlachtmethode ist, bei welcher die Thiere am wenigsten leiden.“

Der Vorsteher der Veterinärabtheilung in der bulgarischen Landes-Sanitäts-Direction, Mitglied des obersten Medicinalrathes An. Timoftiowiz zu Sofia, äussert sich in einem vom 16. November 1893 datierten Schreiben wie folgt:

„In Bulgarien tödten die Metzger der verschiedensten Religionsbekenntnisse überall durch den Halsschnitt. Diese Schlachtweise wird auch, wie mir bekannt, in benachbarten Ländern angewandt. Meiner Meinung nach wird die genannte Schlachtmethode (Halsschnitt) noch lange Zeit in Bulgarien beibehalten werden, vielleicht auf immer, wenn man nicht einen vollendeteren Schlachtmodus finden wird, als das Keulen, die Schlachtmaske etc. etc. es sind.“

---

[1]) Siehe: Amtliches stenographisches Bulletin der schweizerischen Bundesversammlung, Sitzung vom 28. März 1893 (S. 448).
[2]) Ibidem.

Prof. Dr. Illoway in Cincinnati (Amerika) schreibt mir von der interessanten Thatsache, dass in mehreren Staaten der amerikanischen Union, so z. B. in Nebraska, Jdaho etc., die Thierschutzvereine eine Petition auf obligatorische Einführung der jüdischen Schlachtmethode den Behörden unterbreitet haben.

Ja, auch in Deutschland wird, trotz ihrer lebhaften Bekämpfung durch die Thierschutzvereine, die jüdische Schlachtmethode vielfach von christlichen Metzgern für ihren eigenen Bedarf angewandt. Bei meinen Studien im Berliner Central-Viehof bemerkte ich, dass in einigen Schlachtkammern von der meist üblichen Betäubung abgesehen und durch directe Durchschneidung sämmtlicher Halsgefässe vermittelst eines langen und breiten Messers getödtet wird. Da diese Operation nicht von einem Juden, sondern von einem Christen ausgeführt wurde, musste ich mir natürlich sagen, dass es sich nicht um Schlachtungen für jüdische Kundschaft handelte. Um nun zu erfahren, was diese Metzger veranlassen mochte, im Gegensatze zu ihren Kollegen nach dieser Methode schlachten zu lassen, ob humanitäre oder ökonomische Zwecke, ersuchte ich sie brieflich um die Mittheilung ihrer Gründe und erhielt nachstehende Antworten:

Berlin O., den 28. September 1893.

Herrn Hofrath Dr. med. Dembo,

Hochwohlgeboren.

Auf Ihre geehrte Zuschrift vom 22. September cr. beantworte ich die an mich gerichteten Fragen wie folgt:

1) Was mich zur jüdischen Schlachtmethode veranlasst? Zunächst die möglichst humane Behandlung des zu schlachtenden Thieres und die Sicherheit beim Tödten des Thieres. Der Schächtschnitt ist unstreitig die sicherste und schnellste Todesart. Schon dass man dazu nur ein ganz gutes und scharfes Messer nimmt, welches keine Schwellung der Schlagadern zulässt und in **wenigen Sekunden** die Blutentleerung zur Folge hat, bestätigt die s c h n e l l s t e und s c h m e r z l o s e s t e Todesart, denn je schärfer das Instrument, desto schmerzloser jeder Schnitt. Das Betäuben ist mit v i e l m e h r G e f a h r e n und nur zu oft mit v i e l m e h r S c h m e r z e n verbunden. Es kommen sehr oft, wenn nicht von ganz sachkundiger Hand ausge-

führt, Quälereien der Thiere vor. Durch eine ganz unbedeutende
Bewegung des zu schlagenden Thieres erfolgt zunächst ein Fehlschlag,
was auch die geübteste Hand nicht verhindern kann,
gleichviel nun, ob der Fehlschlag durch unrichtiges Treffen dem
Thiere Schmerzen verursachte, oder ob nur der Schreck das Thier
veranlasste, Bewegungen zu machen, jedenfalls verzögert und er-
schwert es die sichere Tödtung des Thieres.

2) Vom ökonomischen Standpunkte aus wäre das Betäuben
rationeller, unstreitig für mich als Grossschlächter vortheilhafter,
denn jedes durch Betäubung geschlachtete Thier ergiebt ein höheres
Schlachtgewicht; die Blutarterien beim geschlagenen Stück Vieh
stocken, die Blutung beim Stechen vollzieht sich viel langsamer,
auch ergiesst sich beim geschlagenen Stück Vieh weniger Blut, als
beim geschächteten; aber dieser geringe Verlust von einigen Pfunden
Fleisch bei einem geschnittenen Stück Vieh wird wieder vielfach
aufgewogen durch folgende:

3) Hygienische Gründe:

Jedes betäubte und gestochene Thier muss nach der Schlachtung
gewaschen, besonders in den Brusthöhlen mit Wasser gereinigt
werden; bekanntlich ist aber Wasser Gift für Fleisch, ganz besonders
in den heissen Sommermonaten, wo infolge dessen auch viel Fleisch
verdirbt. Derjenige Theil des Fleisches wird sich kennzeichnen, wo
Wasser musste zur Reinigung und Entfernung des Blutes angewandt
werden, es ist der Nährboden für Pilze und beschleunigt das Verderben der Waare; auch ist die Farbe des Fleisches von geschlagenem
Vieh stets dunkel und bleibt auch weicher als beim geschnittenen
Thier, dessen Fleisch stets hellfarbig, blutrein und fester wird; jedes
geschnittene Thier ist in der Brusthöhle rein, es braucht weder
von innen noch von aussen Wasser angewandt zu werden. Das
Fleisch vom geschnittenen Thier ist in zwei Stunden so fest, wie
vom betäubten oder geschlagenen in zehn Stunden; letzteres erreicht
überhaupt niemals die Festigkeit vom geschnittenen Fleisch.

Ich selbst bin kein Jude, schneide aber mit solchem Instrument,
wie die jüdischen Schächter, wie allgemein in Berlin bekannt ist,
bereits seit mindestens fünfzehn Jahren jedes Stück Vieh. Ich
kaufe und schächte ausschliesslich gute Waare. Ich habe in diesem
Zeitraum vielfach Wägungen von lebendem Vieh und dessen Fleisch

behufs Feststellung des Prozentsatzes vom geschlagenen und geschnittenen Vieh vorgenommen; ich habe den bewährtesten und erfahrensten Fachmännern vielfach bewiesen, dass sich das Fleisch vom geschnittenen Vieh viel länger conservirt, als vom geschlagenen. Ich habe die triftigsten Beweise damit, dass ich als Grossschlächtermeister wohl der einzige bin, der kein Fleisch nach der Markthalle bringt, oder bringen muss, sondern nur an feste, langjährige Kunden, gediegene Fachmänner, seit 15 Jahren liefere; ebenso liefere ich seit ca. 9 Jahren an den Magistrat von Berlin. Ein solches Resultat lässt sich aber nur erreichen, wenn man dauernd gute, aber auch sorgfältigst behandelte Waare führt. Dass man in mich im Allgemeinen das Vertrauen setzt, Fleischkenner zu sein, beweist auch seit Jahren meine Berufung zum Preisrichter der Berliner Mastviehausstellungen.

Irgend ein Parteiinteresse habe ich bei meiner Schlachtmethode absolut nicht. Ich bin zu jeder Zeit gern bereit, Autoritäten der Wissenschaft das zu beweisen, was ich hiermit gesagt habe.

Ich verbleibe mit vorzüglicher Hochachtung
Carl Friedrich Hoffmann,
Grossschlächtermeister,
Mitglied des Deutschen Thierschutzvereins zu Berlin, Mitglied der Sanitätscommission des 66. Polizei - Reviers, Berlin, Gerichtlich vereideter Sachverständiger der Berliner Schlächter-Innung.

Herrn Dr. med. J. Dembo,
Wohlgeboren.

Berlin, 27. September 1893.

Auf Ihr werthes Schreiben vom 22. September erlaube ich mir, in Folgendem Ihnen die Gründe mitzutheilen, welche mich veranlassen, sämmtliche Ochsen, auch die für den eigenen Bedarf, nach jüdischer Methode durch den Halsschnitt zu tödten:

1) Der Ochse blutet beim Halsschnitt besser aus, und das Fleisch bekommt ein besseres Aussehen.
2) Das Fleisch hält sich im Sommer mindestens einen Tag länger, als das vom todtgeschlagenen und gestochenen Ochsen.

Diese Methode führe ich ca. 15 Jahre, da ich als Schlächtermeister die Erfahrung gemacht habe, dass die Rinder, bei denen der Halsschnitt gemacht wird, so schnell todt sind, als die geschlagenen und gestochenen Ochsen.

Hochachtungsvoll
Hermann Kersten,
Grossschlächtermeister,
Berlin, Thürstr. 58.

Noch kurz vor der Drucklegung dieses Werkes ging mir eine in czechischer Sprache geschriebene Erklärung der Prag-Neustädter Fleischer-Innung zu, der ich folgende Stelle entnehme:

„Prag, am 30. Dezember 1893.

Wir Mitglieder der Genossenschaft lassen **sämmtliches Klein- und den grössten Theil des Grossviehs mittelst Halsschnitts ohne vorherige Betäubung (jüdischer Ritus) schlachten.** Das Fesseln und Niederlegen des Thieres, sowie das Fixiren des Kopfes, von starken und geschickten Männern vorgenommen, ist mit keiner Quälerei des Schlachtobjectes verbunden. Das Fleisch vom geschächteten Thiere ist von prächtigstem Aussehen und behält längere Zeit seine Frische, was sowohl für den Fleischer als auch für den Käufer von Wichtigkeit ist.

Kamil Svagrowsky, Obmann
der Prag-Neustädter Fleischer-Genossenschaft."

In ähnlicher Weise haben sich bereits seit Jahren sehr viele andere Schlächtermeister geäussert. So lautet z. B. eine von den Metzgermeistern zu Köln veröffentlichte Erklärung:

Köln, den 3. November 1884.

Die unterzeichneten Kölnischen Metzger christlicher Confession erklären hierdurch auf Grund langjähriger Beobachtung und Erfahrung, dass das Fleisch rituell geschächteter Thiere sich in Folge des reichlichen Blutausflusses im Sommer 1—2 Tage länger conserviren lässt, als das nach anderen Schlachtmethoden getödteter Thiere.

Th. Schulte Conrad Monheim. Heinrich Inveen.
Hubert Schaaf. Jean Weber. Philipp Kirch.
Theodor Hergarten. Joseph Schaffroth.

Die Metzgermeister zu Karlsruhe äusserten sich folgendermassen:

Karlsruhe, 2. Januar 1885.

Die unterzeichneten christlichen Metzger Karlsruhe's erklären hiermit, dass sie den älteren Schlachtmethoden den Vorzug vor den neueren (Bouterole und Schussmaske) geben.

Obwohl der hiesige Thierschutzverein Prämien auf die Verwendung der Schlachtmaske setzt, wird dieselbe nur ganz vereinzelt benutzt, weil sie sich als unpraktisch und mit vielen Qualen für die Thiere verbunden gezeigt hat.

Für das gute Aussehen und die bessere Haltbarkeit des Fleisches empfiehlt sich das Schächten, weil bei diesem Schlachtverfahren die Thiere am Vollständigsten ausbluten.

Philipp Stetter.	Andreas Dratz.	Hugo Melder.
August Dennig.	Hugo Bösch	Gustav Dietrich.
Wilh. Erxleben.	Karl Dittus.	Louis Schneider.
Wilh. Hofmann.	Fried. Jos. Bott.	Hermann Hecht.
Jul. Morlock.	August Scherer.	Friedrich Geyer.
	Michael Kern.	

Die Fleischer-Innung von Polzin erklärt:

Polzin, den 30. Oktober 1893.

Die übliche Tödtungsart von Schlachtvieh am hiesigen Orte ist der Kopfschlag, resp. beim Koscherschlachten der Halsschnitt. Der Halsschnitt ist nach unserer Ueberzeugung **gerade so gut, wenn nicht noch besser,** weil bei demselben das Vieh besser ausblutet und in Folge dessen sich das Fleisch in Sommertagen besser hält.

Der Vorstand der Fleischer Innung.

H. Branck, Obermeister.   Biedermann.

Th. Hennke.

Fügen wir zu dem oben Gesagten noch hinzu, dass die jüdische Schlachtmethode überall, in Dorf und Stadt, sowohl bei Klein- als bei Grossvieh mit der grössten Leichtigkeit, ohne kostspielige Einrichtungen angewandt werden kann, da Jedermann sich ein scharfes Messer leicht verschaffen kann und wohl auch mit demselben umzugehen verstehen wird, so müssen wir uns sagen, dass von allen zur Zeit bekannten Schlachtmethoden die jüdische die rationellste ist. **Ja, was die Humanität betrifft, würden wir, wenn beim Schlachten eines Thieres das Wort „ideal" überhaupt zulässig wäre, durchaus keinen Anstand nehmen, dieselbe als eine ideale Schlachtmethode zu bezeichnen.** Aber das Tödten eines lebenden Wesens ist schon an sich etwas Unsittliches, nur durch die Bedürfnisse unseres Magens zu entschuldigen, und in einer unsittlichen Handlung soll man keine Ideale suchen.

II. Die Schlachtmethode vom Standpunkte der Hygiene.

Bekanntlich ist von allen Geweben des Organismus das Blut das „jüngste“, am wenigsten stabile, d. h. ein Gewebe, welches sich sehr leicht zersetzt. Dasselbe bleibt aber so lange unverändert, als es in den Wandungen eines abgeschlossenen Röhrensystems, in den Blutgefässen fliesst. Hier ist nicht der Ort, die Ursache dieser Erscheinung theoretisch zu erörtern, ob die lebende Gefässwand diesen Einfluss auf die Zusammensetzung des Blutes ausübt, oder ob andere Bedingungen hierfür in Betracht kommen. Jedenfalls ist es eine bekannte Thatsache, dass das Blut, sowie es aus den Gefässen austritt oder der Organismus abstirbt, in kurzer Zeit gerinnt und sich zu zersetzen beginnt. Es ist nun ganz selbstverständlich, dass, je mehr Blut im Fleische zurückbleibt, letzteres um so schneller sich zersetzen muss, da die Haltbarkeit des Fleisches, wie ich später ausführlich erörtern werde, von dem Blutgehalte desselben abhängt, was in der Wissenschaft längst als unumstössliches Axiom gilt. Aus diesem Grunde geben die Specialisten der Fleischkunde derjenigen Schlachtmethode bezüglich der Hygiene und der Qualität des Fleisches den Vorzug, bei welcher im Fleische am wenigsten Blut zurückbleibt.

Dass letzteres bei der jüdischen Schlachtmethode der Fall sein muss, kann man schon theoretisch, ohne eingehendere Prüfung, beweisen, weil ja die die Gefässe beherrschenden Centren während der ganzen Dauer des Todeskampfes intakt bleiben. Bei der Betäubung, zumal beim Nackenstich, ist dies ebenso wenig der Fall, wie bei allen anderen mit einer Verletzung des Gehirns verbundenen Methoden, da, wie wissenschaftlich feststeht (Koch und Filehne, Wittkowsky u. A.), die Zerstörung des

Gehirns eine Lähmung der vasomotorischen Centren und diese eine
Stockung des Blutes in den Gefässen zur Folge hat.

Es genügt, ein einziges Mal die jüdische und die anderen
Schlachtmethoden zu beobachten, um zu erkennen, wie glänzend
hier die Theorie von der Erfahrung bestätigt wird. Man kann sich
davon leicht überzeugen, wenn man von zwei Ochsen einer und derselben Rasse, annähernd gleicher Grösse und gleichen Gewichtes den
einen nach der jüdischen, den zweiten nach einer beliebigen anderen Methode schlachtet, das ausgeflossene Blut der beiden Thiere möglichst
vollständig auffängt und mit einander vergleicht. Noch bequemer
wird die Beweisführung, wenn man dazu kleinere Thiere nimmt, da
deren geringere Blutmenge viel leichter aufzufangen ist.

Vor nicht langer Zeit wurde ich im Züricher Schlachthause
auf ein sehr interessantes Factum aufmerksam, das beweist, welche
grosse Menge Blutes beim Schlachten mit vorheriger Betäubung im
Fleische zurückbleibt. Schneidet man ungefähr eine halbe Stunde
nach dem Schlachten, wo das Blut sich noch in mehr oder minder
flüssigem Zustande befindet, von einem aufgehängten Thiercadaver
ein unteres (hinteres) Viertel weg, und zwar im Hüftgelenk, wo
sich die grossen Blutgefässe, die Schenkel-Arterien und -Venen
(a. et v. femorales) befinden, so sieht man aus den genannten Gefässen
eine grosse Blutmenge auf den Boden fliessen, eine Erscheinung, welche
bei der jüdischen Schlachtmethode nicht zu beobachten ist. Ein weiterer
Beweis für die mangelhafte Ausblutung beim Schlachten mit vorheriger Betäubung ist die Thatsache, dass bei dieser Schlachtmethode die Blutgefässe an der inneren, glatten Oberfläche der
Körperhöhlen stark gedehnt und auch die kleinen Gefässe sicht-
bar sind, während dies bei der jüdischen Schlachtmethode nicht
der Fall ist.

Um sich übrigens einen richtigen Begriff von der ungenügen-
den Ausblutung beim Schlachten mit vorheriger Betäubung zu
machen, genügt es, sich im Schlachthause anzusehen, wie lange der
Arbeiter auf dem Bauche des nach dieser Methode geschlachteten
Thieres herumtreten muss, bis überhaupt ein gewisses Quantum
Blutes herausgepresst ist.

Ohne Zweifel wäre das beste Mittel zur Bestimmung
der Blutquantitäten, welche bei den verschiedenen Schlachtmethoden ausfliessen, resp. im Fleische zurückbleiben, das

Thier sowohl vor, wie nach dem Schlachten zu wiegen. Leider stiess ich aber bei meinen diesbezüglichen an Rindern vorgenommenen Untersuchungen auf so grosse Schwierigkeiten, dass ich davon Abstand nehmen musste. Abgesehen von den mannigfachen technischen Schwierigkeiten bei der Ausführung eines solchen Versuches, da behufs richtiger Beurtheilung Ochsen von derselben Rasse und gleichem Gewichte erforderlich wären, können noch dadurch Irrthümer entstehen, dass bei manchen Rindern im Momente des Schlachtens eine Koth- oder Harn-Ausscheidung, mitunter auch Erbrechungen vorkommen, welche nicht ohne Einfluss auf die Gewichtsverhältnisse bleiben können. Nimmt man aber kleinere Thiere, z. B. Hunde oder Kaninchen von einem und demselben Wurf und gleichem Gewichte und tödtet das eine mit vorherigem Kopfschlag, das andere vermittelst directer Durchschneidung sämmtlicher Halsgefässe, so wird man sich durch den Augenschein überzeugen, dass bei der Betäubung die Ausblutung eine viel geringere ist, als bei der jüdischen Schlachtmethode. Dies gilt nicht blos vom Kopfschlag, sondern noch viel mehr vom Nackenstich.

Um diese wichtige Thatsache experimentell festzustellen, war ich gezwungen, einige unschuldige Thierchen — Hunde und Kaninchen — zu opfern.[1]) Einer meiner diesbezüglichen im Laboratorium der Berliner thierärztlichen Hochschule in Gegenwart mehrerer Physiologen und Aerzte angestellten Versuche sei hier mitgetheilt:

Von zwei Kaninchen eines und desselben Wurfes (beide Männchen) im Gewichte von 2000, resp. 1850 Gramm wurde das erste durch unmittelbare Blutentziehung genau nach den Vorschriften des jüdischen Rituals, das zweite mit vorheriger Betäubung nach der in den Berliner und anderen Schlachthäusern üblichen Methode getödtet. Beide Kaninchen wurden vor und nach dem Schlachten genau gewogen.

---

[1]) Da ich selbst Mitglied eines Thierschutzvereins bin, so muss ich meine Vereins- und Gesinnungsgenossen wegen dieser der Wissenschaft gebrachten Opfer um Verzeihung bitten. Diejenigen „Thierschützer", welche die Tödtung mit vorheriger Betäubung für so schmerzlos halten, werden allerdings darin nur eine Versündigung gegen diejenigen Thiere erblicken, bei denen ich die jüdische Schlachtmethode angewendet habe. Eine Entschuldigung erblicke ich jedoch darin, dass diese „Opfer" vielleicht dazu beitragen werden, Tausenden von Schlachtthieren unnütze Qualen zu ersparen.

Aus der Physiologie ist bekannt, dass die Blutmenge eines Kaninchens je nach Rasse etc. $\frac{1}{15}$ bis $\frac{1}{22}$ seines Körpergewichtes beträgt, also im Mittel $\frac{1}{18}$. Das Kaninchen von 2000 Gr. Gewicht müsste demnach 111 Gr. Blut, das von 1850 Gr. — 103 Gr. besitzen. Es ergaben sich jedoch folgende Resultate: Das nach der jüdischen Methode geschlachtete Kaninchen verlor **80** Gr. Blut, das zweite, mit vorheriger Betäubung getödtete, eben infolge der Lähmung der vasomotorischen Centren, blos **30** Gr.!! Im Fleische des ersteren verblieben also bloss 31, in dem des zweiten dagegen — 81 Gr. Blut. Um den Einfluss des Kopfschlags auf die Ausblutung zu controliren, wurde ein drittes Kaninchen nach vorheriger Betäubung geschächtet, die Blutentziehung jedoch nicht auf die bei dieser Methode gebräuchliche Art, sondern nach der jüdischen Schlachtmethode vorgenommen, d. h. es wurden beide Halsarterien gleichzeitig und vollständig durchschnitten. Dieses Kaninchen hatte ein Gewicht von 1950 Gr. (also 108 Gr. Blut) und verlor **50** Gr. Blut.

Zur besseren Uebersicht seien die Resultate dieser Schlachtversuche tabellarisch geordnet:

Tabelle 1.

Schlacht-methode	Gewicht des Kaninchens	Gewicht des gesammt. Blutes des Kaninchens	Beim Schlachten Blut verloren	Im Fleische Blut zurückgeblieben	Ausge-flossenes Blut in % ausgedrückt rund:	Im Fleische zurückge-bliebenes Blut in % ausgedrückt rund:
Jüdische Methode	2000 Gr.	111 Gr.	**80** Gr.	31 Gr.	72 pCt.	28 pCt.
Durch Betäubung geschlachtet	1850 „	103 „	**30** „	73 „	29 „	71 „
Mit Betäubung und darauf folgendem Schächtschnitt	1950 „	108 „	**50** „	58 „	46 „	54 „

In Leipzig, am 13. September 1893, angestellte Versuche haben dieselben, ja noch kläglichere Resultate für die Betäubung geliefert.

Von zwei Kaninchen von einem Wurfe im Körpergewichte von
2680, resp. 2610 Gr. (also von fast gleicher Grösse) wurde das
erste geschächtet, das andere mit vorheriger Betäubung geschlachtet.
Das geschächtete Thier verlor 90 Gr. Blut, das Betäubte bloss
20 Gr. (!)[1].

Nach alledem ist es erklärlich, warum auch christliche
Schlächter, welche ein gut haltbares und schön aussehendes Fleisch
erhalten wollen, die Schlachtthiere vermittelst directer Durchschneidung der Halsgefässe tödten, wenn sie auch lange kein so
scharfes Messer dazu gebrauchen, wie die jüdischen Schächter.
Der Director des Berliner Central-Schlachthauses Dr. Hertwig äussert sich über diese Thatsache wie folgt:[2] „Diese (die jüdische)
Methode hat aber auch unter christlichen Schlächtern Aufnahme
gefunden, weil die Thiere dabei besser ausbluten und das
Fleisch neben grösserer Haltbarkeit ein zartes Aussehen
bekommt."

Wie ich bereits bemerkte, kann man schon a priori behaupten,
dass das mittels der jüdischen Schlachtmethode erhaltene
Fleisch sich unter gleichen Bedingungen länger conservirt, als das durch andere Methoden gewonnene. Nichtsdestoweniger heisst es in dem auf dem Thierschutzcongresse in Dresden
erstatteten Berichte des bekanntesten Gegners der jüdischen Schlachtmethode, des Herrn Hans Beringer, dass das Fleisch der nach
jüdischer Methode geschlachteten Thiere sich schneller zersetze. Wir
lesen im Berichte dieses „Thierschützers" wörtlich folgendes:[3]

„Die Schlachtmethode des sogen. Schächtens, wo das Vieh gefesselt
und niedergeworfen wird, wobei vor und nach dem Halsschnitt oft sehr erheb-
liches Sträuben u. s. w. stattfindet, scheint in Bezug auf das erwähnte Verhalten, bezw. Verlauf der Vorgänge nach dem Tödten nicht so empfehlenswerth, als es bisher vielseitig angenommen wurde. Ich habe mich durch den

---

[1] Allerdings ist bei der Blutentziehung auch etwas Blut in die Brusthöhle gelangt; es handelte sich hierbei aber, wie ich festgestellt habe, bloss
um einige Gramm.

[2] Siehe „Die Anstalten der Stadt Berlin für die öffentliche Gesundheitspflege etc. Festschrift zur 59. Naturf.-Versammlung", Berlin 1886, Cap. XXVII,
„Fleischschau" vom Oberthierarzt Dr. Hertwig, S. 301.

[3] Siehe das Referat über die Reform des Schlachtwesens, erstattet
auf dem X. Internationalen Thierschutzcongress in Dresden von H. Beringer,
Berlin. (Sonderabdruck aus dem Congressbericht.)

Augenschein überzeugen wollen, welcher Unterschied in der Haltbarkeit des Fleisches geschächteter, gestochener und geschlagener Thiere ist. Ich habe deshalb in verschiedenen Jahreszeiten, also bei verschiedener Temperatur, Schlachtproben mit je vier Kälbern machen lassen. Das eine wurde geschächtet, ein zweites ohne Betäubung gestochen, zwei andere wurden vor dem Stechen betäubt und zwar das eine mittelst Beilschlag, das andere mit dem Kleinschmidt'schen Schlaghammer. Von allen vier Kälbern wurde je ein Stück vom Rücken herausgeschnitten und im gleichen Raum, somit in der gleichen Temperatur, aufbewahrt. Das Fleisch des geschächteten Thieres wurde jedesmal zuerst riechend, dann das des gestochenen und immer zuletzt das der betäubten Thiere. Ebenso verhielt sich die Probe bezüglich des Geschmackes. Die Brühe von den verschiedenen Fleischproben wurde genau in derselben Reihenfolge ungeniessbar. Also die Ansicht, welche auch noch viele Schlächter theilen, dass das Fleisch nicht betäubter Thiere besser ausblutet und haltbarer sei, ist total falsch; gerade das Gegentheil ist der Fall."

Diese vor den Delegirten aller Thierschutzvereine abgegebene, allerdings blos auf subjectiver Geschmacksempfindung (und über den Geschmack lässt sich ja bekanntlich nicht streiten) und Geruchsschärfe basirende Erklärung, musste mich um so mehr überraschen, da ich ja Gutachten vieler Grossschlächter und ganzer Fleischerinnungen besitze (Siehe S. 49), welche die längere Haltbarkeit des nach jüdischer Schlachtmethode gewonnenen Fleisches ausdrücklich bezeugen. Ich entschloss mich desshalb zu einer Reihe von physiologischen und chemischen Versuchen, um sowohl den Zeitpunkt für den Eintritt der Todesstarre bei den mit und den ohne Betäubung geschlachteten Thieren, als auch den Beginn der Lösung der Starre und den Anfang des Fäulnissprocesses bei den verschiedenen Schlachtmethoden wissenschaftlich zu bestimmen.

Eine detaillirte Abhandlung über die Resultate dieser meiner Untersuchungen nebst den betreffenden chemischen Formeln werde ich in einem wissenschaftlichen Specialorgan erscheinen lassen, während ich in der vorliegenden Arbeit, welche nicht bloss für Aerzte, sondern auch für Laien, welche die Frage interessirt, bestimmt ist, mich bemühen werde, alle chemischen Formeln und diejenigen ausführlichen Erläuterungen zu vermeiden, welche nur dem mit der physiologischen Chemie vertrauten Leser verständlich sein können. Allerdings giebt es nichts Schwierigeres, als Laien, denen die physiologische Chemie gänzlich fremd ist, chemische Processe zu erklären. Um meine weiteren Auseinandersetzungen verständlich zu machen, ist es deshalb nöthig, einige Worte über die physi-

kalischen und chemischen Eigenschaften der Muskeln (des Fleisches)
während des Lebens und nach dem Tode vorauszuschicken.

Die physikalischen und chemischen Eigenschaften der Muskeln.

Das Fleisch, welches wir zu unserer Nahrung gebrauchen,
besteht aus Muskeln. Jeder Muskel ist aus Muskelbündeln und
jedes Bündel aus mehr oder weniger langen, parallel an einander
gereihten Fasern zusammengesetzt. Die ursprüngliche Muskelfaser
besteht in ihrem mikroskopischen Bau aus einer Hülle, dem Sarcolem,
und einem contractilen Inhalt, dessen hauptsächlichster Bestandtheil
eine Eiweisssubstanz, das Myosin, bildet, welcher den wichtigsten
Nährstoff des Fleisches darstellt. Das Myosin ist in starker Koch-
salzlösung (von 10 pCt. u. m.), in freien Alkalien oder stärkeren
Säuren (Milchsäure, Salzsäure), sowie in 13procentiger Salmiak-
lösung löslich.

Die Muskeln eben geschlachteter Thiere äussern lebhafte
Zuckungen, welche mit blossem Auge wahrnehmbar sind. Die
Farbe der Muskeln ist meist dunkelroth, bei manchen Thieren, wie
beim Kaninchen und Schwein, blass. Nach dem Tode spielen sich
beim Menschen, wie beim Thiere eigenthümliche Vorgänge ab; die
Muskeln werden trübe, mehr compact, die Gelenke unbieg-
sam. Dieser Zustand des Cadavers wird die Todesstarre
genannt. Das Compacterwerden der Muskeln (Starre) ist eine
Folge der Gerinnung der contractilen Eiweisssubstanz, des Myosins.
Beim Durchschneiden eines solchen Muskels tritt eine flüssige
Masse, das sogenannte Muskelserum aus, welches den flüssigen
Theil des geronnenen Muskelplasma darstellt. Während die Muskeln
beim lebenden Organismus neutral oder alkalisch reagieren, wird ihre
Reaction eine gewisse Zeit nach dem Tode, d. h. beim Eintritt der
Starre sauer.[1])

---

[1]) Jede Flüssigkeit oder jedes Product kann eine saure, eine alkalische
oder auch eine weder saure noch alkalische, d. h. neutrale Reaction haben.
Zur Bestimmung der Reaction bedient man sich verschiedener reactiver Papier-
streifen, wie Lackmuspapier, Lackmoid u. a. Jedes von ihnen reagirt auf
Säuren und Alkalien verschieden. Am gebräuchlichsten sind das blaue und
das roth gefärbte Lackmuspapier. Beim Eintauchen eines solchen rothen
Papierstreifens in eine saure Flüssigkeit erleidet derselbe keinerlei Ver-

Die Reaction der Muskeln, welche, wie wir später sehen
werden, von der Schlachtmethode, von der mehr oder minder
schnellen Ausblutung abhängt, ist bald sauer, bald alkalisch und
beeinflusst ihrerseits das schnellere Eintreten der Starre: bereits in
Zersetzung begriffenes Fleisch reagirt alkalisch.

Die Muskeln verharren eine gewisse Zeit, einen bis mehrere
Tage, was sowohl von der Umgebungstemperatur, als auch von
der Feuchtigkeit, dem Luftzutritt u. s. w. abhängt, im Zustande
der Todesstarre. So kann sich z. B. Fleisch bei einer Temperatur
von 0° und verhindertem Luftzutritt sogar Jahrtausende lang conserviren und der Fäulniss widerstehen, wie dies das im Eise des
Flusses Lena aufgefundene vollständig unversehrte Fleisch der
vorweltlichen Mammuthe beweist. Ausserdem übt die Schlachtmethode, wie wir später sehen werden, einen unbestreitbaren Einfluss sowohl auf den früheren oder späteren Eintritt, als auch auf
die Dauer der Todesstarre. Mit dem Beginn der Fäulniss jedoch
verschwindet gewöhnlich die Starre, wir sagen dann: „Die Starre
löst sich", d. h. die Glieder werden wieder biegsam. Den Beginn
der Starre bedingt hauptsächlich die in den Muskeln auftretende
Milchsäure, welche die Eiweisssubstanz, das Myosin, gerinnen macht,
eine Säure, die in kulinarischer Beziehung äusserst wichtig ist,
da erst mit dem Auftreten der Starre, d. h. der Milchsäure, das
Fleisch geniessbar, weich, mürber und leichter verdaulich wird, abgesehen davon, dass bei erstarrtem saurem Fleisch verhältnissmässig niedrige Temperaturen (60—70 °) genügen, um das inter-
fibrillere Bindegewebe mit Hilfe der vorhandenen Fleischmilchsäure
in Leim überzuführen. Dagegen ist das Fleisch sofort nach dem
Schlachten, d. h. vor dem Eintritt der Starre, unschmackhaft und

---

änderung, dagegen nimmt der Streifen, in eine alkalische Flüssigkeit getaucht,
sofort eine blaue Farbe an. Umgekehrt wirkt eine alkalische Flüssigkeit auf
blaues Lackmuspapier nicht ein, während eine saure dasselbe röthet. Bei einer
neutralen Flüssigkeit behalten sowohl das blaue wie das rothe Lackmuspapier
ihre ursprüngliche Farbe. Wir besitzen somit im Lackmuspapier ein
schätzenswerthes Mittel zur Bestimmung der Reaction verschiedener Flüssigkeiten und Producte. Selbstverständlich muss das Papier gut zubereitet sein,
um nicht zu Irrthümern und Trugschlüssen zu verleiten. Bei der Bestimmung
der Reaction des Fleisches kann das Lackmus jedoch, wie wir später sehen
werden, zu Missverständnissen führen.

so zäh, dass es gar nicht oder nur mit grösster Mühe gekaut werden kann.[1])

Je früher also die Starre des Fleisches eintritt, desto längere Zeit bleibt für den Gebrauch desselben bis zum Eintritt der Fäulniss, eine Thatsache, welche deshalb besonders hervorgehoben werden muss, weil sie, wie wir später sehen werden, insbesondere für die Provinz von ausserordentlicher Wichtigkeit ist. Mithin sind alle diejenigen Momente, welche den schnelleren Eintritt und die längere Dauer der Starre begünstigen, für die öffentliche Gesundheit von wesentlicher Bedeutung.

Die Starre wird beeinflusst:

a) Durch Wärme („Wärmestarre");
b) Durch Durchtränken des Fleisches mit destilliertem Wasser („Wasserstarre"),
c) Durch Auftreten einer Säuerung, welche bald in einer entstehenden Säure, bald durch saure Salze: milchsaure, phosphorsaure u. s. w., ihre Ursache haben kann.

Die Herbeiführung der Starre durch Erwärmen der Muskeln oder Eintauchen des Fleisches in destillirtes Wasser ruinirt das Fleisch, da für dasselbe Wärme sowohl wie Wasser ein Gift darstellen und seine schnelle Zersetzung herbeiführen, während die sich entwickelnde Milchsäure dem Fleische nicht nur nichts schadet, sondern dasselbe sogar, wie später gezeigt werden wird, vor Fäulniss schützt, abgesehen davon, dass es, wie bemerkt, das Fleisch mürber und schmackhafter macht.

In diesem erstarrten Zustande befindet sich der Muskel (oder die Leiche) eine gewisse Zeit, um dann in einen anderen Zustand überzugehen, welcher die „Lösung der Starre" genannt wird, worauf die Muskeln unter dem Einfluss der weiteren Zersetzung und der sauren Reaction wieder weich werden (Landois).

Der Zeitpunkt, in welchem die Lösung der Starre eintritt, ist bei den verschiedenen Thieren verschieden[2]) und von sehr vielen Bedingungen, von der Temperatur, der Feuchtigkeit des Mediums der Luftströmung u. s. w., abhängig; unter fast gleichen Bedingungen

---

[1]) Siehe Handbuch der Fleischbeschau für Thierärzte und Richter von Prof. R. Ostertag. Stuttgart 1892.
[2]) Beim Menschen dauert die Starre gewöhnlich 1—6 Tage.

aber auch, wir wir später sehen werden, von der Schlachtmethode.

Aus dem Gesagten erhellt, dass in hygienischer und ökonomischer Beziehung diejenige Schlachtmethode den Vorzug verdient,
bei welcher ein früherer Eintritt, sowie eine spätere Lösung der
Starre, also ein späterer Beginn der Fäulniss erfolgt.[1])

Diese Erwägung veranlasste mich, den Zeitpunkt des Ein-
trittes der Todesstarre bei grösseren und kleineren mittels directer
Blutentziehung, d. h. durch die jüdisch-rituelle Methode, geschlachteten Thieren, im Vergleiche mit solchen, denen vor der Blutentziehung
ein Schlag auf den Kopf versetzt worden war, wissenschaftlich zu
bestimmen, sodann auch den Zeitpunkt, wo bei der einen wie bei
der anderen Schlachtmethode die Lösung der Starre, also die Fäulniss beginnt. Die wissenschaftliche Prüfung dieser Frage erscheint um
so dringender, weil in der Laienwelt in dieser Hinsicht die Meinungen,
wie wir sahen, sehr auseinandergehen. Während viele Grossschlächter
und sogar ganze Innungen erklären, dass das Fleisch beim Schlachten
ohne vorherige Betäubung sich unter sonst gleichen Bedingungen
sogar im Sommer um zwei Tage länger conserviren lässt, behaupten
andere, und zwar die Mitglieder der Thierschutzvereine, dass
sich das Fleisch bei der jüdischen Schlachtmethode schneller
zersetzt, eine Divergenz der Ansichten, welche nur dadurch möglich
ist, dass bisher noch keinerlei vergleichende wissenschaftliche
Untersuchung vorgenommen wurde.

Was die erste Frage betrifft, bei welcher Schlachtmethode
die Leichenstarre früher eintritt, so bietet dieselbe eigentlich
keine besonderen Schwierigkeiten, da zu ihrer Beantwortung nichts
weiter als ein electrischer Apparat mit Induktionsströmen erforderlich
ist. Es ist bekannt, dass jeder Muskel sich während des Lebens und
einige Zeit nach dem Tode des Organismus auf einen Reiz durch den
electrischen Strom zusammenzieht[2]), und im physiologischen Sinne

---

[1]) Die Annahme, dass die Lösung der Starre mit der Fäulniss identisch
sei, habe ich bei meinen Untersuchungen nicht immer bestätigt gefunden.
(Siehe weiter.)

[2]) Dies kann nach dem Tode auch noch durch andere Reize geschehen,
so z. B. durch Reibung mit dem Finger oder sogar vermittelst kälterer Luft.
Dies ist der Grund, weshalb manchmal im Schlachthause, wenn der Cadaver
bereits aufgehängt ist, noch scheinbar spontane Zuckungen ganzer Muskelgruppen beobachtet werden können.

sind die Muskeln erst dann als abgestorben zu betrachten, wenn
dieselben auf eine electrische Reizung nicht mehr durch Contraction
reagiren, d. h. wenn die Nerventhätigkeit erloschen ist.
Dieser Moment ist aber zugleich der Moment des Eintritts
der Todesstarre.

Wegen der technischen Schwierigkeiten, hauptsächlich aber,
weil der electrische Strom auf den Geschmack und sogar auf die
Brauchbarkeit des Fleisches einen ungünstigen Einfluss ausüben
würde, war es mir nicht möglich, diese Versuche an Rinder-
Cadavern vorzunehmen, was aber deshalb unterbleiben durfte, weil
es ganz einerlei ist, ob die Versuche an Ochsen-Cadavern oder an
Hunden und Kaninchen vorgenommen werden; dass sich die
Muskeln des Menschen, des Ochsen, des Hundes oder des Kaninchens
in Bezug auf den electrischen Strom völlig gleich verhalten, wird
von Niemandem bestritten.

Es sei wiederholt, dass von den vielen Versuchen, welche ich
nach dieser Richtung mit verschiedenen bald nach dieser, bald nach
jener Methode geschlachteten Thieren angestellt habe, abgesehen
und nur diejenigen Versuche mitgetheilt werden, bei denen andere
Fachmänner zugegen waren.

Von den am 15. Dezember 1893 im Laboratorium der Berliner
thierärztlichen Hochschule getödteten drei Kaninchen (Siehe S. 58)
wurde, wie bemerkt, das eine durch unmittelbare Durchschneidung
der Halsarterien mit einem sehr scharfen Messer, wie es von den
Juden beim Schächten grösserer Vögel gebraucht wird, das zweite
vermittelst Schlachten mit vorheriger Betäubung und das dritte vermittelst Kopfschlags und darauf folgender Durchschneidung der Halsarterien geschlachtet. Alle drei Thiere wurden hierauf auf einen Tisch
gelegt, und nach Freilegung derselben Muskeln bei allen drei Thieren
wurde mit Hilfe eines electrischen Apparats zum Versuche geschritten, welcher die in umstehender Tabelle zusammengestellten
Resultate ergab:

Tabelle II.

Vergleichende Tabelle über den Eintritt der Starre:

N.	Gewicht, Farbe und Geschlecht d. Thieres.	Stunde der Tödtung.	Tödtungsart.	Zeit der Reizung durch den electrisch. Strom.	Resultat der Reizung.	Eintritt der Starre.	Dauer von der Tötung bis zum Eintritt der Starre.
1. Kaninchen.	2000 Gr. grau Männchen.	12 Uhr 5 M.¹)	Durchschneidung der Halsarterien (jüdische Schlachtmethode).	1 Uhr 5 M.	Muskelcontractionen nur bei O²)	1 Uhr 15 M.	1 St. 10 M.
				1 Uhr 15 M.	keine Contractionen mehr.		
2. Kaninchen.	1850 Gr. grau Männchen.	12 Uhr 40 M.	Schlachtung mit vorherig. Kopfschlg. (Berliner Methode)	1 Uhr 20 M.	Muskelcontr. bei 6	3 Uhr 15 M.	2 St. 35 M.
				2 Uhr 50 M.	Muskelcontr. bei 8		
				3 Uhr	Muskelcontr. bei 0		
				3 Uhr 15 M.	keine Contract.		
3. Kaninchen.	1950 Gr. grau Weibchen.	12 Uhr 20 M.	Combinirt. Schlachtmethode (Kopfschlag und Schächtschnitt).	1 Uhr 25 M.	Muskelcontr. bei 6	2 Uhr 15 M.	1 St. 55 M.
				1 Uhr 32 M.	Muskelcontr. bei 4		
				1 Uhr 55 M.	Muskelcontr. bei 4		
				2 Uhr 5 M.	Muskelcontr. bei 0		
				2 Uhr 15 M.	keine Contract.		

¹) Nach 26 Secunden (d. h. 12 Uhr 5 Min. 48 Sec.) konnten säumtliche anwesenden Physiologen constatieren, dass keine Augen-Reflexe mehr zu erhalten waren — nicht nur keine Seh-Reflexe, sondern auch keine tactilen (Berührungs-Reflexe).

²) Die Stärke des electrischen Stromes wird durch am Apparate markirte Nummern angezeigt: je niedriger die Nummer, desto stärker der Strom (am stärksten also bei 0).

Anmerkung: Da wir alle mit der Beobachtung der Schlachtung und dem Wiegen der anderen beiden Thiere vor und nach dem Schlachten beschäftigt waren, konnte nicht vor 1 Uhr 5 Minuten zur Anwendung des electrischen Stromes geschritten werden.

Die weit verbreitete Ansicht, dass die Starre am Kopfe des Thieres beginnt, wurde durch meine Versuche nicht bestätigt. Im Gegentheil habe ich bei der electrischen Reizung der Kaumuskeln (Mm. masseteres) noch Contractionen erhalten, wenn alle anderen, mit Ausnahme der Zwischen-Rippen-Muskeln (Mm. intercostales), nicht mehr reagierten. Die letzteren behielten in drei Fällen die Contractionsfähigkeit am längsten.

Es ist schwierig, mit Sicherheit zu entscheiden, ob die Blutmenge, die epileptoiden Zuckungen oder vielleicht das eine wie das andere für den früheren oder späteren Eintritt der Starre in Betracht kommen. Zieht man in Erwägung, dass bei dem durch Kopfschlag und Schächtschnitt getödteten Kaninchen No. 3, in dessen Cadaver weniger Blut als bei der gewöhnlichen Schlachtmethode vermittelst vorheriger Betäubung, aber mehr als beim Schächten zurückgeblieben war, die Starre schneller als bei dem mit gewöhnlicher Betäubung geschlachteten, aber später als beim geschächteten eintrat, so wird man im ersten Momente zu der Annahme gedrängt, dass die Schnelligkeit des Eintritts der Starre sich in directer Abhängigkeit von der Menge des im Cadaver zurückgebliebenen Blutes befinde. Ich bin indess der Ansicht, dass neben diesem vielleicht wesentlichsten Momente die bei der jüdischen Schlachtmethode eintretenden epileptoiden Zuckungen noch als weiteres, den Eintritt der Starre beschleunigendes Moment aufzufassen sind. Ist es ja bekannt, dass ein zu Tode gehetztes Wild in wenigen Minuten erstarren kann. Auch bei den Fischen tritt, nach der Angabe von Eward, die Starre um so früher und intensiver auf, je kräftiger und erregbarer die Muskeln vor dem Tode gewesen sind[1]). Ich werde übrigens auf die Ursachen des schnelleren Eintritts der Starre bei dieser oder jener Schlachtmethode an der betreffenden Stelle dieser Abhandlung noch ausführlicher zurückkommen.

Vorstehende Tabelle zeigt, wie verhältnissmässig gross der Zeitunterschied beim Absterben der Muskeln sogar so kleiner Thiere, wie Kaninchen, ist, welche ein Gewicht von bloss 2000 Gr. besitzen, d. h. ungefähr $1/_{300}$ des Gewichtes eines Ochsen, und deren

---

[1]) Handbuch der Fleischbeschau für Thierärzte und Richter, von Dr. med. Robert Ostertag. 1892. S. 105.

gesammte Blutmenge $^1/_{13}$ ihres Körpergewichts ausmacht, während dieselbe beim Ochsen $^1/_{13}$ beträgt.

So haben denn auch diese Versuche ebenso wie sonstige Beobachtungen die Wahrnehmung der praktischen Metzger durchaus bestätigt, **dass das Fleisch der ohne vorherige Betäubung geschlachteten, sogar der kleinen, Thiere schneller erstarrt, als das vorher betäubter.**

Der Berliner Grossschlächtermeister Herr Hoffmann, der die Muskelphysiologie wohl kaum studiert haben dürfte, äussert sich daher in einem an mich gerichteten Briefe (Siehe S. 50) mit Recht: „Das Fleisch vom geschnittenen, d. h. geschächteten Vieh ist in zwei Stunden so fest, wie das der mit Betäubung oder Kopfschlag geschlachteten in zehn Stunden; letzteres erreicht überhaupt niemals die Festigkeit vom geschnittenen Fleisch."

In demselben Sinne hat sich übrigens auch der oben erwähnte Berichterstatter Herr Hans Beringer auf dem X. Congresse der Thierschutzvereine in Dresden[1]) ausgesprochen, offenbar ohne zu ahnen, dass diese Erscheinung einen, besonders für die Provinz sehr wichtigen Vorzug der jüdischen Schlachtmethode darstellt, indem dadurch das Fleisch früher geniessbar und die Dauer der Aufbewahrungsfähigkeit desselben unter sonst gleichen Bedingungen verlängert wird.

Was den Zeitpunkt betrifft, wann die Lösung der Starre eintritt, so kann derselbe ohne jegliche Apparate bestimmt werden, da ihn jederman aus dem Wiederauftreten der Biegsamkeit der Gelenke zu erkennen vermag. Dieser Zeitpunkt hängt von der Temperatur des das Fleisch umgebenden Mediums ab (natürlich, wenn kein Conservierungsmittel angewandt wird), so dass die Lösung der Starre um so schneller eintritt, je höher die Temperatur des Mediums ist. Unter sonst gleichen Bedingungen erfolgt aber die Lösung der Starre, wie mich meine Beobachtungen überzeugt haben, bei der jüdischen Schlachtmethode am spätesten.

Diese Thatsache wurde mir gleichfalls von mehreren Grossschlächtern bestätigt, welche, da sie den Ausdruck „Lösung der Starre" nicht kennen, gewöhnlich sagen: „Das Stück wird schneller weich." Controllversuche an kleineren Thieren haben dasselbe Ergebniss

---

[1]) Siehe den betreffenden Congressbericht.

geliefert. Zur Illustration sei hier die Fortsetzung des obener-
wähnten an den drei Kaninchen angestellten Versuches mitgetheilt:
Die Thiere wurden an eben jenem 15. Dezember nach Eintritt
der Starre unter gleichen Bedingungen, ohne dass ihnen das Fell
abgezogen war, nach dem physiologischen Institute des Herrn
Prof. Du Bois-Reymond gebracht und im Keller der chemischen
Abtheilung auf einen Tisch in einer Reihe bei einer Temperatur
von $3-7^0$ C hingelegt, worauf sich folgende Resultate ergaben:

Tabelle III.

Vergleichende Tabelle über den Eintritt der Lösung
der Starre.

Dauer von der Tödtung bis zur Untersuchung.	An welchen Körpertheilen die Starre bereits gelöst ist.		
	Nr. 1. Jüdische Schlachtmethode.	Nr. 2. Schlachtmethode (Berliner) mit vorheriger Betäubung.	N. 3. Combinirte Schlachtmethode (Kopfschlag und Schächtschnitt).
3 Tage	nirgends	an den vorderen Extremitäten und am Kopfe.	an den vorderen Extremitäten.
4 „	beginnt an den Gelenken der vorder. Extremitäten.	an den vorderen Extremitäten und am Kopfe.	an den vorderen Extremitäten und am Kopfe.
8 „	an den vorderen Extremitäten.	an den vorderen Extremitäten und am Kopfe.	an den vorderen Extremitäten und am Kopfe.
9 „	an den vorderen Extremitäten.	an den vorderen Extremitäten und am Kopfe.	an den vorderen Extremitäten und am Kopfe.
11 „	der Kopf wird freier.	am Kopfe, dem vorderen, und dem linken hinteren Beine.	am Kopfe, dem vorderen und dem rechten hinteren Beine.
13 „	der Kopf ist frei; beginnt an den hinteren Extremitäten	Alles gelöst.	
16 „	am Kopfe, dem vorderen und dem rechten hinteren Beine.		
17 „	am Kopfe, dem vorderen und dem rechten hinteren Beine.		
18 „	Alles gelöst.		

Anmerkungen:

1) Sämmtliche **drei** Thiere lagen (im Fell) die ganze Zeit auf einem Tische neben dem Fenster. Von der Haut entblösst waren nur die Stelle, wo zwecks Blutentziehung ein Einschnitt gemacht worden war, sowie die beiden Oberschenkel, welche behufs Feststellung des Eintritts der Starre mittelst des electrischen Stromes gleich nach dem Schlachten freigelegt worden waren.

2) Am 11. Versuchstage trat bei den Thieren N. 1 u. 2 an den oben-genannten Stellen bereits alkalische Reaction und Zersetzung des Fleisches ein.

3) Während am 13. Versuchstage bei allen drei Thieren die freige-legten Körperstellen bereits stark rochen und alkalisch reagierten, zeigten die Muskeln an anderen mit Haut bekleideten Körperstellen (z. B. am Rücken) insbesondere bei N. 1 bei der Freilegung ein vollkommen frisches Aussehen, liessen keinen Geruch wahrnehmen und reagierten bei N. 1 u. 3 sauer. Es scheint, dass das unter dem Fell verbleibende Fleisch der Thiere sich über-haupt bei jeder Schlachtart schwerer zersetzt, als dasjenige, welches der Ein-wirkung der atmosphärischen Luft ausgesetzt wird, trotzdem sich im ersteren Falle das sich leicht zersetzende Eingeweide im Cadaver der Thiere noch be-findet. Vielleicht ist hierin auch die Erklärung der Thatsache zu suchen, dass Brown-Sequard das Fleisch eines durch Zertrümmerung des Schädels mittels eines stumpfen Instruments getödteten Meerschweinchens bei einer Temperatur von 8—10° C. noch unversehrt fand. (Vgl. Comptes rendus de la Société Medicale de St. Petersbourg 1892).

Die vorstehend angeführten Beobachtungen widerlegen somit, wie meine zahlreichen Versuche und Beobachtungen, die Behauptung, dass sich die Starre beim Fleische der geschächteten Thiere schneller löst; gerade das Gegentheil ist der Fall. Es ist schwer, die Ursache dieser Erscheinung mit Sicherheit anzugeben: ist es bloss die Lösung des Myosin oder kommen auch noch andere Vorgänge in Betracht? Nach Kühen löst sich bekanntlich das Muskel-Gerinsel leicht in Salpeterlösungen aller Concentrationen; dies würde die schnellere Lösung der Starre im Fleische betäubter Thiere erklären, da in dem-selben die Anhäufung alkalischer Salze (Ammoniak) eine grössere ist.

Wären nun, wie vielfach angenommen wird,[1] Lösung der Starre und Fäulniss thatsächlich ein und derselbe Process, so würden schon diese Beobachtungen hinreichen, um zu beweisen, dass das Fleisch geschächteter Thiere sich länger conserviert, als das durch Kopfschlag betäubter; allein ich konnte es bei dieser Erledigung der Frage nicht bewenden lassen, weil meiner Ansicht nach Lösung der Starre und Fäulniss zwei verschiedene chemische

---

[1] Den Ausdruck „Lösung der Staare und Fäulniss" finden wir in zahlreichen Handbüchern der Physiologie und Fleischschau.

Processe sind, welche unter gewissen Bedingungen zwar zeitlich zusammenfallen, sich aber auch ganz unabhängig von einander abspielen können. Aus der oben mitgetheilten Tabelle ersehen wir ja ebenfalls, dass bei allen drei Thieren die Fäulniss theilweise bereits längst eingetreten, die Lösung der Starre aber noch nicht bei allen vollendet war. Ich konnte daher diesen Weg, die Haltbarkeit des Fleisches der nach verschiedenen Methoden geschlachteten Thiere zu bestimmen, nicht für ausreichend erachten, musste vielmehr den viel umständlicheren, dafür aber um so zuverlässigeren Weg wählen, durch die chemische Analyse das verhältnissmässige Auftreten der durch die Fäulniss gebildeten Zersetzungsproducte zu bestimmen.

Die hauptsächlichsten Fäulnissproducte sind bekanntlich Ammoniak (NH_3)[1], Kohlensäure (CO_2) und unter Verhältnissen, welche die Entwickelung der Fäulnissbacterien besonders begünstigen, noch Schwefelwasserstoff, Indol u. s. w.[2]. Folglich musste als sicherstes Mittel für die Entscheidung dieser Frage die Bestimmung der verhältnissmässigen Anhäufung obiger Producte im Fleische angenommen werden. Da solche vergleichende Untersuchungen des Fleisches geschächteter sowie nach anderen Methoden geschlachteter Thiere bisher noch nicht ausgeführt worden waren, habe ich in der chemischen Abtheilung des physiologischen Institutes des Herrn Geheimrath Prof. Du Bois-Reymond eine Reihe von Vorversuchen zur Entscheidung der Frage vorgenommen, ob die Ammoniak-Entwickelung als Zeichen für den Eintritt der Fäulniss gelten darf.

Zu diesen Untersuchungen nahm ich aus dem Fleischerladen dem Aussehen nach frisches Fleisch von Thieren ungewisser Schlachtart und bestimmte an jedem Tage durch die chemische Analyse die Anhäufung des Ammoniaks in bestimmten Portionen desselben.

Gleich bei den ersten Untersuchungen habe ich mich jedoch überzeugt, dass kleine Fleischportionen genommen werden müssen, weil bei grossen (z. B. von 50 oder 100 Gramm) schon nach einigen Tagen die Anhäufung des Ammoniak beim Uebergang in die Fäulniss eine so enorme ist, dass es schwierig ist, den Ver-

---

[1] Ammoniak ist ein Fäulnissgas, welches sich bei der Fäulniss organischer Substanzen entwickelt. Es hat einen scharfen Geruch ähnlich sich zersetzendem Harn oder Salmiak.

[2] Siehe Festschrift Rudolf Virchow.

such gut durchzuführen. Ich nahm daher bei meinen Untersuchungen immer nur eine Portion von 5 Gr. — welche völlig genügt
— zerkleinerte das Fleisch in ganz kleine Stückchen, that letztere
unter Zusatz von 50 kc. destilierten Wassers in Glaskolben und
stellte mehrere solcher Proben in einen Brütofen zur täglichen
Untersuchung.

. Um die der Chemie unkundigen Leser nicht durch eine lange
Reihe von Einzelheiten zu ermüden, will ich mich auf eine kurze
Zusammenfassung meiner Untersuchungen beschränken, welche jeder
gebildete Laie, der sich für diese Frage interessirt, verstehen
kann:

Zur Bestimmung des Ammoniak-Gehaltes im Fleische bediente
ich mich der in der Chemie bekannten Methode, das Ammoniak aus den im Fleische enthaltenen ammoniakalischen Salzen
vermittelst Alkalien (Aetz-Natron) zu verdrängen[1]). Diese Methode
beruht darauf, dass das Aetz-Natron, wie die Alkalien überhaupt,
eine grössere Affinität (chemissche Verwandtschaft) zu Säuren und
Ammoniak-Verbindungen besitzt, als das Ammoniak selbst, und
daher das letztere aus diesen Verbindungen verdrängt. Bringen
wir z. B. Salmiak (salzsaures Ammonium) mit Aetz-Natron in Berührung, so erhalten wir als Resultat Kochsalz (salzsaures Natron-
Salz), freies Ammoniak (NH_3) und Wasser, indem sich das Natron
vermöge seiner grösseren Affinität zum Chlor mit diesem verbindet
und das Ammoniak aus den Ammoniak-Salzen in freier Form verdrängt[2]). Dies geschieht nicht bloss bei der Salzsäure, sondern
auch bei jeder beliebigen Säure, an welche das Ammoniak im
Fleische gebunden ist. Bringt man also Aetz-Natron in einen Kolben
mit Amoniak-Salze enthaltendem Fleisch, so erfolgen verschiedene

---

[1]) Eine zweite Methode, das Ammoniak aus Ammoniak-Salzen zu erhalten,
begründet sich auf der Eigenschaft des Chlor-Platin, mit Ammoniak-Salzen im
Wasser schwer lösliche Doppelsalze zu bilden, aus deren Gewicht die Menge
des Ammoniak bestimmt wird. Diese Methode konnte im gegebenen Falle
nicht angewandt werden, weil im Fleische auch Eiweiss und andere Producte
enthalten sind, welche mit Chlor-Platin ebenfalls unlösliche Verbindungen eingehen, die das Gewicht des Agregates beeinflussen würden.

[2]) Der chemische Prozess ist hierbei folgender: NH_4 Cl (Salmiak)
+ Na OH (Aetz Natron) = Na Cl (Kochsalz) + NH_3 (Ammoniak) + H_2O
(Wasser).

Reactionen, als deren Product sich freies Ammoniak ergiebt. Diese Untersuchung wird in folgender Weise ausgeführt:

Das auf seinen Ammoniak-Gehalt zu untersuchende Fleisch wird unter Zusatz von Wasser und einer 10 prozentigen Lösung von Aetz-Natron im Ueberschuss in einen Kolben gelegt, der vermittelst zweier Glasröhren mit einem Kühlapparat und einem anderen zur Dampfentwickelung bestimmten, mit Wasser gefüllten Kolben verbunden ist. Durch den das zu untersuchende Fleisch enthaltenden Kolben wird aus dem zweiten Kolben vermittelst Kochens Wasserdampf getrieben, welcher das in der Flüssigkeit des ersten Kolbens freiwerdende Ammoniak-Gas mechanisch mit sich fortreisst. Treibt man ferner das nunmehr erhaltene Gemisch von Wasserdampf und Ammoniak-Gas durch den Kühlapparat, so condensirt sich bekanntlich der Wasserdampf zu Wasser; da aber das Ammoniak-Gas in kaltem Wasser sich löst, so kann die wässerige Lösung des Ammoniak-(Salmiak-Geist) aus dem Kühlapparat in einen Behälter gesammelt werden. Setzt man zu dieser alkalischen Flüssigkeit so lange die Lösung einer Säure von bestimmter Concentration hinzu[1]), bis sie nicht mehr alkalisch, sondern neutral reagirt[2]), so kann aus der Menge der hierzu erforderlichen Säure auf den Ammoniak-Gehalt der Flüssigkeit, also auch auf die Menge der Ammoniak-Verbindungen des Fleisches geschlossen werden.

Die Untersuchungen der oben genannten Fleischportionen ergaben folgende Resultate:

1. Versuch, bei frischem Fleische aus dem Laden   4,2 kc.[3])

2. Versuch, nach 48 stündiger Aufbewahrung im
   Brütofen (das Fleisch riecht bereits) . . . 14,3 „ [4])

---

[1]) Zur Neutralisation gebrauchte ich Oxalsäure, welche leicht zu wiegen, zu beobachten, im Handel rein und ohne jede Beimischung zu erhalten ist.

[2]) Zum Nachweis der Neutralisation gebrauchte ich ein paar Tropfen Rosolsäure, welche bekanntlich beim minimalsten Ueberschuss von Alkali die Flüssigkeit roth färbt.

[3]) Diese, sowie die folgenden Zahlen geben die zur Neutralisation des erhaltenen Ammoniak erforderlich gewordene Menge von $1/10$ der Normal-Oxalsäure in Kubikcentigrammen an.

[4]) Ein nach 24 Sekunden vorgenommener Versuch konnte leider nicht zu Ende geführt werden, da der Kolben platzte.

3. Versuch, nach 72stündiger Aufbewahrung im
Brütofen (das Fleisch riecht sehr stark) . . **22,2** kc.
4. Versuch, nach 76stündiger Aufbewahrung im
Brütofen (das Fleisch riecht sehr stark) . . **22,5** „

Nachdem ich mich durch diese und weitere mit Fleisch von
Hunden angestellte Versuche überzeugt hatte, dass die Anhäufung
des Ammoniak im Fleische mit dem Fortschreiten der Zersetzung
desselben wächst, sowie dass zu einer bestimmten Zeit die Menge
des Ammoniaks an einem einzigen Tage mehr zunimmt, als an den
zwei vorhergegangenen zusammengenommen, begann ich die vergleichenden Untersuchungen des durch verschiedene Schlachtmethoden
gewonnenen Fleisches.

Ich will hier nicht die Tabellen meiner sämmtlichen Unter-
suchungsserien anführen, da das Resultat derselben mit geringen
Schwankungen dasselbe ist; ich werde mich darauf beschränken,
bloss zwei Serien von Versuchen mitzutheilen, deren eine Fleisch
betrifft, welches täglich in beiden Fällen zu gleichen Portionen
direct von dem draussen auf dem Fensterbrette resp. im Laboratorium aufbewahrten Stücke genommen wurde, während bei der
zweiten das Fleisch im Brütofen aufbewahrt worden war.

III. und IV. Serie der Untersuchung des Fleisches auf Ammoniak.

Die Tödtung der Thiere erfolgte am 28. November 1893
3½ Uhr Nachmittags in meiner Gegenwart. Beide Ochsen waren von
grauer Farbe und annähernd gleichem Gewichte. Beim geschächteten
Thiere wurde weder ein Genickstich noch ein Nachschneiden voll-
zogen. Der mit vorheriger Betäubung geschlachtete Ochs erhielt
drei Schläge, bis er zu Fall gebracht wurde, und noch weitere drei
bis zur vollständigen Betäubung. Nach der Zerlegung des Cadavers
wurden vom Nierenzapfen beider Thiere Fleischportionen genommen
und, nachdem das Fleisch vom geschächteten Thiere zur Vermeidung
von Verwechslungen mit einem Siegel versehen worden war, unter
gleichen Bedingungen nach dem Laboratorium gebracht. Die erste
Untersuchung begann 2½ Stunden nach der Tödtung der Thiere.
Je sechs Portionen à 5 Gramm von jeder Fleischart wurden unter
Zusatz von 100 Gramm destillirten Wassers zu jeder Portion in

Glaskolben, welche mit entsprechenden Aufschriften versehen waren, gelegt und in einem auf 36—38° C. regulirten Brütofen gebracht. Hierauf wurden die Untersuchungen täglich ausgeführt.

Tabelle IV.

Dritte Serie.   Vierte Serie.

Dauer von der Tödtung bis zur Untersuchung.	Das Fleisch wurde bei einer Temperatur von 3—6°C. aufbewahrt.		Das Fleisch wurde im Brütofen bei einer Temperatur von 36–38° C. aufbewahrt.	
	vom geschächteten Thiere	vom betäubten Thiere	vom geschächteten Thiere	vom betäubten Thiere
nach 2½ Stunden	2,3[1])	1,5[2])	—	—
„ 1 Tag	6,1	5,8	9,4	12,5
„ 2 „	6,9	9,9	12,7	Zum Schlusse der Untersuchung platzte d. Kolben.
„ 3 „	9,1	12,4	14,6	23,0
„ 4 „ ·	10,6	13,2	14,8	21,2
„ 5 „	12,2	13,7	17,7	30,4
„ 6 „	—[3])	—	19,9	35,7

Ich darf hier nicht mit Stillschweigen übergehen, dass in manchen Versuchsserien, insbesondere, wenn das Fleisch bei niederen Temperaturen aufbewahrt worden war, nach einer gewissen Anhäufung von Ammoniak plötzlich bei der einen wie bei der anderen Fleischart am nächsten Tage ein Rückgang der Ammoniak-Entwickelung eintrat, welcher manchmal bis über 30 pCt. der am vorangegangenen Tage gebildeten Menge betrug; am nächsten Tage trat aber dafür

---

[1]) Die Zahlen der Tabelle geben die Mengen der zur Neutralisation des Ammoniak verbrauchten ¹/₁₀ Normal-Oxalsäure an.

[2]) Fast immer habe ich bemerkt, dass gleich nach dem Schlachten das Fleisch betäubter Thiere um einige Zehntel Normal-Oxalsäure weniger Ammoniak enthält; bald darauf beginnt aber das Ammoniak in demselben auffällig zuzunehmen.

[3]) Die Ausscheidung des sehr reichlich angehäuften Ammoniak aus dem im Brütofen aufbewahrten Fleisch dauerte so lange, dass ich an demselben Tage die Untersuchung des bei 3–6° aufbewahrten Fleisches nicht mehr vornehmen konnte, weil das Laboratorium infolge der vorgerückten Abendstunde geschlossen werden musste.

eine schnelle Steigerung der Amonniakbildung ein, eine Erscheinung, welche ich bei der Untersuchung des im Brütofen aufbewahrten Fleisches nur sehr selten beobachtet habe (Siehe Tabelle No. IV).

Auf theoretische Erörterungen dieser Erscheinung kann ich mich an dieser Stelle nicht einlassen; wir würden hierbei auf das specielle Gebiet der Lebensthätigkeit verschiedenartiger Bacterien gedrängt werden, dessen Studium nicht Jedermannes Sache ist. Für die uns beschäftigende Frage über die Haltbarkeit des durch die verschiedenen Schlachtmethoden gewonnenen Fleisches ist nur die unter gleichen Bedingungen erfolgende verhältnissmässige Anhäufung des Ammoniaks im einen wie im anderen Falle von Interesse.

Aus diesen beiden Serien von Untersuchungen geht also hervor, **dass die Anhäufung des Ammoniak, also auch die Fäulniss, in dem durch die jüdische Schlachtmethode gewonnenen Fleische ohne Rücksicht auf die Temperatur viel geringer ist, als im Fleische der vor dem Schlachten betäubten Thiere,** und ferner, dass sogar bei niedrigen Temperaturen ungefähr die vom Fleische betäubter Thiere in drei Tagen erhaltene Menge Ammoniak 12,4 kc.[1]), bei dem durch die jüdische Schlachtmethode gewonnenen Fleische erst nach fünf Tagen erreicht wird (12,8 kc.). Noch auffälliger wird der Unterschied, wenn das Fleisch unter Bedingungen, welche die Entwickelung niederer Organismen (Bacterien) begünstigen, z. B. in einem Brütofen, aufbewahrt wird. Aus der zweiten Serie ersehen wir, dass, während 5 Gr. nach der jüdischen Schlachtmethode gewonnenen Fleisches nach drei Tagen zur Neutralisirung des Ammoniak 14,6 kc. $\frac{1}{10}$ N. Oxalsäure verlangten, ein gleiches Quantum vom Fleische eines betäubten Thieres schon nach 24 Stunden 12,5 kc. erforderlich machte. Einen noch grösseren Unterschied bemerken wir bei der weiteren Zersetzung des Fleisches (z. B. 17,7 u. 30,4 oder 19,9 und 35,7).

So beweiskräftig diese Untersuchungen auch sind, es wäre doch noch da Einwand möglich, dass es sich hier um das Fleisch verschiedener Thiere handelt, die abweichenden Resultate also auf individuelle Verschiedenheiten zurückgeführt werden könnten. Um

---

[1]) Diese sowie die folgenden Zahlen geben das Quantum von $\frac{1}{10}$ N. Oxalsäure in Kubikcentigramm an, welche zum Neutralisieren des erhaltenen Ammoniak erforderlich wurde.

in dieser Hinsicht jeden Einwand und jeden Zweifel zu beseitigen, habe ich folgenden Control-Versuch mit dem Fleische eines Hundes ausgeführt:

Wir wissen bereits, dass hinsichtlich der Haltbarkeit des Fleisches der eigentliche Unterschied zwischen „Schächten" und „Schlach en" vorzugsweise darin besteht, dass im ersteren Falle mehr, im letzteren infolge der Schläge und der durch dieselben herbeigeführten Lähmung der vasomotorischen Nerven weniger Blut aus dem Cadaver entfernt wird. Wenn wir nun bei einem Hunde z. B. mittels Durchschneidung der zu einem Beine abgehenden Nerven (also auch derjenigen, welche den Blutgehalt der Gefässe reguliren) in diesem Organe eine Lähmung veranlassen, so dass auch die Gefässe gelähmt sind, und dann das Thier mittels Durchschneidung der Halsarterien tödten (jüd. Schlachtmethode), so haben wir bezüglich der Blutentleerung bei einem und demselben Thiere an dem einen (operirten) Beine die Bedingungen der Betäubung, an den übrigen die der jüdischen Schlachtmethode und sind somit in der Lage, jene vergleichenden Untersuchungen am Fleische ein und desselben Thieres auszuführen. Dieser Control - Versuch ist auch für die Entscheidung der Frage lehrreich, ob die grössere Haltbarkeit des Fleisches geschächteter Thiere auf den geringeren Blutgehalt desselben, auf die epileptoiden Zuckungen oder auf beide Momente zugleich zurückzuführen ist.

Der in Rede stehende Versuch wurde am 13. December 1893 um 11 Uhr 15 Minuten Vormittags im Laboratorium der Berliner thierärztlichen Hochschule in folgender Weise ausgeführt:

Einem schwarzen Hunde von $13\frac{1}{2}$ Kg. Gewicht wurde bei vollständiger Narcose vermittelst Aether der Hüft-Nerv (N. Jschiadicus) der rechten Seite durchschnitten und die Wunde hierauf zugenäht. Nach einer Stunde erholte sich das Thier aus der Narcose, und nach $1\frac{1}{2}$ Stunden fühlte es sich bereits so wohl, dass es vorgelegtes Futter frass. Beim- Gehen schleppte es das rechte hintere Bein nach, ein Beweis, dass die Operation gelungen, die Nerven durchschnitten waren.

Um 1 Uhr 15 Minuten wurde das Thier vermittelst Durchschneidung der Halsarterien mit einem scharfen, breiten Messer (jüd. Schlachtmethode) getödtet. Zwei Stunden später, als die Starre bereits eingetreten war (das operirte Bein erstarrte etwas später

als die übrigen) wurden beide hinteren Beine im Kniegelenk ab-
genommen und in das chemische Laboratorium gebracht, wo sie
täglich auf Ammoniak untersucht wurden. Dabei trat die interessante Erscheinung zu Tage, dass im operirten Bein die Anhäufung
des Ammoniak eine grössere war, als im zweiten.

Die durch die chemische Analyse gewonnenen Resultate be-
stätigen somit die Erfahrungen der Metzger, **dass das durch die jüdische
Schlachtmethode gewonnene Fleisch sich sogar im Sommer zwei
Tage länger conserviren lässt.**

Nachdem festgestellt ist, dass im Fleische der vor dem
Schlachten nicht betäubten Thiere die Anhäufung des Ammoniak
unter sonst gleichen Verhältnissen eine geringere ist, als im Fleische
der nach vorheriger Betäubung geschlachteten, bleibt nur noch die
Frage zu beantworten, in welchen Beziehungen die Ammoniak-
Entwickelung zum Fäulnissprozesse steht.

Ehe ich hierauf eingehe, müssen einige Bemerkungen über die
Ursachen der Fäulniss im Allgemeinen vorausgeschickt werden.

Der Fäulnissprocess ist, analog dem Gährungsprocess, ausschliesslich das Resultat der Lebensthätigkeit der Fäulnissbacterien bei
gewissen Temperaturen, bei Feuchtigkeit und Zutritt von athmo-
sphärischer Luft (Sauerstoff). Bei der Zersetzung organischer Substanzen (also auch des Fleisches) entstehen verschiedene giftige Körper,
welche alkaloide[1]) Eigenschaften besitzen und Ptomaïne[2]) (Selmi)
genannt werden (von πτῶμα = Aas). Diese sind somit das Product
der Lebensthätigkeit jener Mikroorganismen, welche sich in den
zersetzungsfähigen thierischen Geweben (eiweisshaltigen Substanzen,
wie z. B. das Blut) und verschiedenen sonstigen Medien entwickeln.
Jene Bacterien entwickeln sich leichter in alkalisch reagirenden
Geweben und Flüssigkeiten, wo sie einen geeigneten Nährboden

---

[1]) Dieses Wort ist aus dem arabischen Wort „Alkali“ und dem griechi-
schen ἴδος (ähnlich) gebildet, weil sie mit wenigen Ausnahmen alkalische
Reaction haben. Die Alkaloide sind Gifte. (Manche pflanzlichen Alkaloide
werden in der Medizin in äusserst minimalen Dosen angewandt, wie Morphium
Strychnin u. s. w.)

[2]) Die Thatsache, dass in menschlichen Leichen Ptomaïne vorhanden
sind, war bereits Gautier bekannt.

finden. In einem sauren Medium dagegen stehen ihrer Entwickelung grössere Hindernisse im Wege. (Daher werden auch zur Conservirung des Fleisches vorzugsweise Säuren oder saure Salze, wie Essig u. s. w., angewandt). Das im Fleische vorhandene Ammoniak ist ein Ausscheidungsproduckt dieser Bacterien[1]), d. h. ein Fäulnissproduct. Man kann also schon a priori behaupten, dass sich dasjenige Fleisch am längsten conserviren wird, welches aus diesem oder jenem Grunde den Fäulnissbacterien ungünstige Existenz- und Wachsthums-Bedingungen bietet. Diese günstigen, resp. ungünstigen Bedingungen sind aber von der Schlachtmethode abhängig, und bei aufmerksamem Studium dieser Frage finden wir, **dass ausschliesslich in der jüdischen Schlachtmethode alle Bedingungen gegeben sind, um die Entwickelung der niederen Organismen, also die Fäulniss längere Zeit zu verhindern.** Solcher Bedingungen giebt es viele. Sie sind:

1. In der Quantität des im Organismus zurückgebliebenen Blutes zu suchen.

Das Blut ist eine alkalisch reagirende, sich leicht zersetzende Flüssigkeit, also, wie oben ausgeführt, eine Flüssigkeit, welche den Bacterien einen guten Nährboden bietet. Je mehr Blut nun im Fleische des geschlachteten Thieres zurückbleibt, desto schneller vermehren sich in demselben die Mikroorganismen und desto schneller tritt Fäulniss ein. Von diesem Gesichtspunkte aus betrachtet, würde diejenige Schlachtmethode in hygienischer Beziehung als die idealste zu bezeichnen sein, bei welcher überhaupt kein Blut im Fleische zurückbleibt; ein solches Resultat ist aber unerreichbar.

Wie oben bewiesen wurde, werden bei der Betäubung die vasomotorischen Nerven gelähmt und eine Stauung des Blutes in den Gefässen veranlasst, so dass eine grössere Menge Blutes im Cadaver zurückbleibt. Die Controlversuche an kleinen, sowohl mit als ohne Betäubung geschlachteten Thieren ergaben, dass (Siehe S. 58) das betäubte Thier 30 Gramm Blut verlor, im

---

[1]) Ebenso wie der Mensch die für den Organismus unbrauchbaren Bestandtheile der aufgenommenen Nahrung wieder ausscheidet, so bringen auch die Bacterien, die sich von den Geweben nähren, gewisse Stoffe wieder zur Ausscheidung.

Cadaver also **73 Gramm** = 71 % zurückblieben, dagegen ein zweites vermittelst directer Durchschneidung der Halsarterien geschlachtetes Thier von fast gleichem Gewichte 80 Gr. Blut verlor, so dass im Cadaver **nur 31 Gramm** = 28 % zurückblieben. Das ist ausreichende Erklärung, weshalb das durch die jüdische Schlachtmethode gewonnene Fleisch sich länger conservirt, als das nach einer anderen Methode getödteter Thiere.

Dasselbe sehen wir auch bei der Conservirung von Fischen. Wir wissen, dass die deutschen Fischer, behufs längerer Conservirung und Verbesserung der Qualität der Fische, das sog. Heinicke'sche Verfahren anwenden, welches darin besteht, dass die zu den Kiemen abgehenden Hauptarterien zugleich mit den Kiemen entfernt werden. Das Fleisch solchermassen behandelter Fische ist weisser, schmackhafter und doppelt haltbarer, als das auf andere Weise hergerichteter. Dasselbe Mittel wird von den Fischern in Friesland zur Conservirung von Heringen angewandt. Auf diese Weise zubereitete Heringe werden in Collis per Post versandt und gelangen nach 4 Tagen bei einer Temperatur von 13° bis 15° ganz frisch an ihren Bestimmungsort[1]).

Hierzu kommt noch das durchaus nicht zu unterschätzende Moment, dass bei Pflanzenfressern die Alkalescenz des Blutes durch die bei der jüdischen Schlachtmethode während des Todeskampfes auftretenden epileptoiden Zuckungen herabgesetzt werden muss. Auf die Ursachen dieser Erscheinung werde ich später bei der Erörterung der Bedeutung der Zuckungen für die Haltbarkeit des Fleisches zurückkommen.

Man könnte einwenden: wenn das Blut so schädlich ist, warum empfiehlt denn die moderne Medicin manchen schwächlichen Personen, Blut zu trinken? (Dieser Einwand wurde in der Diskussion über meinen in der St. Petersburger medicinischen Gesellschaft gehaltenen Vortrage thatsächlich erhoben)[2]). Allein man darf nicht vergessen, dass es sich hier um frisches, eben aus den Gefässen ausfliessendes Blut handelt, was doch lange nicht mit dem im Organismus, wenn auch nur kurze Zeit zurükgebliebenen Blute

---

[1]) Revue Scientifique T. 47 N. 1. 1891.
[2]) Siehe meine Schrift: Die anatomisch-physiologischen Grundlagen der verschiedenen Schlachtmethoden.

verwechselt werden darf. Es wurde bereits oben darauf hingewiesen,
dass das Blut, sowie es gleich nach dem Tode aus den Gefässen tritt,
Veränderungen erleidet und gerinnt. Allerdings enthält dasselbe auch
beim lebenden Organismus gewisse zur Ernährung ungeeignete
Stoffe, dieselben werden aber durch verschiedene Ausscheidungs-
Organe (wie die Nieren, Schweissdrüsen u. s. w.) als Harn,
Schweiss etc. immer wieder ausgeschieden, während sich nach dem
Tode aus diesen Verbindungen giftige Substanzen, die sog. Ptomaïne,
bilden, deren Menge mit jedem Tage wächst und nach einer bestimmten Zeit bereits hinreichen kann, um beim Genusse einer
gewöhnlichen Portion von Fleisch, welches diese Substanzen enthält,
die Gesundheit zu schädigen.

Einen sehr anschaulichen Beweis der Bedeutung des Blutes
für die Haltbarkeit des Fleisches liefert uns insbesondere folgende
Thatsache:

In England wird, wie oben (S. 39) erwähnt, an manchen
Orten für Liebhaber eine eigenthümliche Tödtungsart ganz ohne Blutentziehung, die sogenannte „patentierte Schlachtmethode", angewandt.
Das Fleisch der auf diese Weise getödteten Thiere bleibt
nur in den ersten Stunden nach der Tödtung genussfähig.

Es ist wohl Jedermann bekannt, wie leicht die Leber infolge
ihres grossen Blutgehaltes in Zersetzung geräth.

Aus vorstehenden Erörterungen ist ersichtlich, dass vom
Standpunkte der Hygiene oder der öffentlichen Gesundheitspflege
diejenige Schlachtmethode vorzuziehen ist, welche ein haltbareres
Product, d. h. ein der Fäulniss am längsten widerstehendes und
deshalb ohne Gefahr für die Gesundheit als Speise verwendbares
Fleisch liefert.

Freilich giebt es Leute, denen der sogenannte Haut-Gout im
Fleische (gleichwie im faulen Käse) ganz besonders behagt; jedoch
finden wir diese unappetitliche und sogar gefährliche Liebhaberei
nur bei einigen wenigen Gourmands, während die grosse Mehrzahl
derartiges Fleisch nicht vertragen kann.

Falsch ist auch der Einwand, man könne nach welcher Methode immer schlachten, wenn nur das Fleisch in Kühlhäusern
aufbewahrt wird, wo es wochenlang brauchbar erhalten werden könne.
Zunächst sind solche Kühlhäuser, ja nicht einmal einfache Eiskeller,
nicht überall zu finden. In Deutschland z. B. haben nur einige grosse

6

Schlachthäuser, wie das zu Leipzig, Frankfurt a. M., Kühlhäuser. In der
Schweiz habe ich ein solches nur in Genf gesehen, und in Russland
existiren sie überhaupt nicht. Ja, nicht einmal in Berlin giebt es
ein Kühlhaus, vielmehr wandert das Fleisch direct aus dem Schlachthause nach dem Fleischerladen oder der Markthalle zum Verkaufe.
Können wir etwa hoffen, dass in Zukunft in allen grösseren und kleineren
Städten und Dörfern Kühlhäuser eingerichtet werden, um das Fleisch
vor Fäulniss zu schützen? Schliesslich bleibt auch noch beim
Vorhandensein von Kühlhäusern der grössere oder geringere Blutgehalt des Fleisches von Bedeutung für dessen Qualität und zwar
wegen der alkalischen Reaction des Blutes, welches den Mikroorganismen einen guten Nährboden bietet.

Bei unseren ökonomischen und sozialen Verhältnissen kann
nicht bestritten werden, dass diejenige Schlachtmethode, welche die
beste Schmackhaftigkeit und grösste Widerstandsfähigkeit des
Fleisches gegen die Fäulniss gewährleistet, unbedingt, schon aus
Rücksicht auf das allgemeine Volkswohl, allen anderen vorzuziehen
ist, gleichwohl ob vielleicht dadurch das „ethische Empfinden" und
die übermässige Sentimentalität gewisser empfindsamer Naturen verletzt wird. Ohne Zweifel fordert es unser moralisches Gefühl, dass
wir die Thiere möglichst schonend behandeln, aber wir dürfen deswegen unsere Gesundheit nicht ausser Acht lassen, müssen vielmehr eingedenk bleiben, dass das Thier für den Menschen
geschaffen ist. Will man die Humanität derart weit ausdehnen,
so müsste ein noch weiterer Schritt gemacht und nach dem Bei-
spiele der Japanesen[1]) das Tödten der Thiere zum Zwecke des
Fleischgenusses überhaupt unterlassen werden. Das wäre wenigstens
consequent. Erachten wir aber nun einmal das Schlachten der Thiere
zur Befriedigung unseres anspruchsvollen Magens für nöthig und er-
laubt, so dürfen wir nur derjenigen Schlachtmethode unsere Zustimmung
geben, deren Product unseren Magen am wenigsten gefährdet.

---

[1]) In Japan soll nach der Mittheilung des Deutschen Professors Jauson
in Tokio der Fleischgenuss durch den Buddhismus im 7. Jahrhundert n. Chr.
verboten worden sein. Annähernd zwölf Jahrhunderte wurden keine Thiere
zum Schlachten verwendet, so dass dieselben bisweilen ein Alter von 50 Jahren
erreichten. Erst mit dem Erscheinen der Europäer und Amerikaner in Japan
begann man wieder Thiere zu schlachten. (Siehe Zeitschr. für Fleisch- und
Milchhygiene, III. Jahrgang S. 226).

2. In der schnellen Entfernung des sauerstoffreichen Blutes während des Schächtens.

Bei dieser Frage muss länger verweilt werden, weil diese scheinbar ganz unbedeutende Thatsache uns sehr schätzenswerthe Aufschlüsse über die Haltbarkeit des nach der jüdischen Schlachtmethode gewonnenen Fleisches giebt.

Im Laboratorium des Prof. Hoppe-Seyler ausgeführte Untersuchungen (Araki)[1]) haben ergeben, dass sich im Fleische bei Sauerstoffmangel, insbesondere wenn infolgedessen der Tod eingetreten ist, Milchsäure und Zucker bildet. Bekanntlich stellte Araki seine Versuche in der Weise an, dass er Thiere in einen mittels Oelfarbe luftdicht gemachten Kasten brachte und so den Sauerstoffgehalt ihres Blutes verminderte. Nach einem solchen Experimente fand er jedesmal im Harn dieser Thiere Milchsäure, in einigen Fällen sogar bis $1/_{1,2}$ %. War in Folge Sauerstoffmangels der Tod der Thiere eingetreten, so fand er auch im Blute derselben sowohl Milchsäure als Zucker, während diese Substanzen im normalen Blute nur in Spuren enthalten sind. Die Menge dieser Producte stand in einem directen Verhältniss zum Grade des Sauerstoffmangels, ob nun derselbe auf die oben erwähnte Art, oder durch die Hervorrufung von Krämpfen mittelst Strychninvergiftung u. s. w. veranlasst worden war. Es unterliegt somit keinem Zweifel, dass in diesen Fällen das Erscheinen von Milchsäure auf einen bei Sauerstoffmangel erfolgenden Uebertritt derselben aus den Organen und Muskeln zurückzuführen ist.

Vergleichen wir nun die jüdische Schlachtmethode mit den übrigen zur Zeit bekannten Methoden, so sehen wir, dass, während bei der Betäubung, bei der Bruneau'schen Maske, der Schussmaske u. s. w. das Blut, der hauptsächlichste Träger des Sauerstoffs, aus dem Organismus nicht allein ungenügend ausfliesst, sondern auch das ausfliessende Quantum sich viel langsamer ergiesst, so dass die Arbeiter mitunter auf dem Bauche der geschlachteten Thiere herumtreten müssen, um eine gewisse Menge Blut herauszu-

---

[1]) „Ueber die Bildung der Milchsäure und Glycose im Organismus bei Sauerstoffmangel", von F. Araki. Zeitschrift für physiologische Chemie von Hoppe-Seyler. 1891. B. XV. S. 335.

pressen, bei der jüdischen Schlachtmethode, da die vasomotorischen Centren sowohl während der Durchschneidung der
Halsadern, als auch während der ganzen Dauer des Todeskampfes
intact bleiben und das Herz fortfährt, das Blut auszupumpen, das
Blut, zumal gleich nach der Durchschneidung der Gefässe, wie aus
einem Springbrunnen hervorschiesst und die verhältnissmässig
grösste Menge desselben in verhältnissmässig kürzester Zeit ausfliesst. Es ist somit klar, dass sich bei der jüdischen Schlachtmethode in den Muskeln eine unvergleichlich grössere Menge Milchsäure entwickeln muss, als bei jeder anderen Methode. Eine
Bestätigung dieser Ansicht bezüglich der Bildung von Milchsäure
im Organismus bei grossen Blutverlusten finden wir in einer dem Prof.
Rudolf Virchow zu seinem 71. Geburtstage gewidmeten Arbeit
von Hoppe-Seyler über den Stoffwechsel bei Sauerstoffmangel.

In dieser Abhandlung lesen wir:[1]

„Da nach erschöpfenden Blutverlusten, ebenso bei zu geringem Gehalt
des Blutes an rothen Blutkörperchen die Symptome des Sauerstoffmangels
sehr ausgeprägt aufzutreten pflegen, war auch anzunehmen, dass bei jeder
hochgradigen Anämie der Sauerstoffmangel in den Organen zur Ausscheidung
der genannten Stoffe (wie Milchsäure, Zucker u. s. w.) im Harn führen werde.
In einem Falle hochgradiger Anämie bei einem dreizehnjährigen Mädchen,
der zum Tode führte, habe ich aus dem Harn der letzten Tage ihres Lebens
reichliche Quantitäten von Milchsäure neben wenig Glycose (durch Gährung
und Circumpolarisation bestimmt) und geringer Eiweissausscheidung erhalten.
Es ist nicht daran zu zweifeln, dass bei Blutungen bis zur Bewusstlosigkeit
die gleiche Erscheinung eintreten wird."

Auf Grund seiner Untersuchungen kommt Prof. Hoppe-
Seyler zu dem Schlusse:[2]

„Als sicher festgestellt darf man ansehen die Bildung von
Milchsäure in den Organen, jedenfalls der Muskeln der höheren
Thiere bei Sauerstoffmangel und Ausscheidung derselben im Harn."

Ein Hinweis auf die vermehrte Milchsäure-Bildung bei Sauerstoffmangel ist auch in einer Arbeit des Prof. Fraenkel zu finden.[3]

---

[1] Beiträge zur Kenntniss des Stoffwechsels bei Sauerstoffmangel, von
Hoppe-Seyler. Festschrift zu Rudolf Virchow's 71. Geburtstage.

[2] Siehe Festschrift S. 16.

[3] „Ueber den Einfluss der verminderten Sauerstoffzufuhr zu den Geweben
auf den Eiweisszerfall im Thierkörper", von Dr. A. Fraenkel. Virchow's
Archiv, B. 67, Heft 3, S. 275.

Bei oberflächlicher Betrachtung erscheint hier der Einwand möglich, dass, wenn Sauerstoffmangel die Entwickelung der Milchsäure zur Folge hat, diese Regel auch für andere mit Erschwerung der Athmung, also Sauerstoffmangel, verbundene Schlachtarten zutreffen müsste. Allein es besteht ein gewaltiger Unterschied zwischen diesem Sauerstoffmangel und dem bei der jüdischen Schlachtmethode eintretenden. Bei der Betäubung ist das Gefühl der Erstickung sogar heftiger als bei der jüdischen Schlachtmethode, aber nicht sowohl in Folge Sauerstoffmangels, als vielmehr dadurch, dass die mittelst dieser oder jener Betäubungsart bewirkte nervöse Zerrüttung der Athmungs-Centren asthmatische Beschwerden hervorruft. In der erwähnten Abhandlung S. 9. äussert sich Prof. Hoppe-Seyler über den Stoffwechsel bei Sauerstoffmangel:

„Es wird bei starken asthmatischen Beschwerden nur dann Milchsäure im Harne auftreten, wenn wirklich Sauerstoffmangel vorhanden ist und nicht lediglich durch eine nervöse Störung das Gefühl der Athemnoth veranlasst wird."

Aus allen diesen Erörterungen geht mit grösster Klarheit hervor, **dass die mit schnellem Blutverlust verbundene jüdische Schlachtmethode in kurzer Zeit die Milchsäure-Bildung herbeiführen muss.** Auf die Bedeutung der Milchsäure für die Qualität und Haltbarkeit des Fleisches will ich später, nach Erörterung der anderen Seiten der jüdischen Schlachtmethode, nochmals zurückkommen.

3. In den epileptoiden Zuckungen,

welche als Folge der schnellen Blutentleerung bei der jüdischen Schlachtmethode unfehlbar eintreten müssen **und für die ferneren chemischen Processe im Fleisch ebenfalls von hervorragender Bedeutung sind,** und zwar in mehrfacher Hinsicht:

a) Sie befördern die Milchsäure-Bildung im Fleische.

b) Sie setzen die Alkalescenz des im Fleische zurückgebliebenen Blutes herab

c) Sie befördern die Blutentleerung aus den kleinen Blutgefässen.

d) Sie beschleunigen den Eintritt der Starre.

Diese Momente verhindern bis zu einer gewissen Grenze die Zersetzung des Fleisches und sind als Grund dafür anzusehen, dass das durch die jüdische Schlachtmethode gewonnene Fleisch sich vor dem vermittelst anderer Methoden gewonnenen durch grössere Haltbarkeit auszeichnet.

a) Der Einfluss der Zuckungen auf die Milchsäure-Entwickelung.

Herrn Prof. Du Bois-Reymond gebührt das Verdienst, die Thatsache entdeckt zu haben, dass sich im thätigen Muskel eine Säure entwickelt. Der berühmte Physiologe hat bereits im Jahre 1859[1]) durch Thierversuche bewiesen, dass, während ein Muskel im Ruhezustande neutral oder alkalisch, derselbe nach erfolgten Contractionen sauer reagiert.[2]) Du Bois-Reymond durchschnitt bei Kaninchen in einem Beine den Hüft-Nerv (Nervus Ischiadicus) und rief hierauf bei den Thieren mittelst Strychninvergiftung heftige Muskelzuckungen hervor. Nach dem Tode der Thiere fand er, dass die Muskeln des Beines, dessen Nerven zerschnitten worden waren, bei denen also keine Contractionen stattgefunden hatten, alkalisch reagirten, die des unverletzten Beines dagegen — sauer.

Im Laufe der seit Feststellung dieser Thatsache verflossenen 35 Jahre sind eine Menge von Controlarbeiten nach dieser Richtung hin erschienen. Obgleich nun manche Autoren (Monati, Batistini Moleschoti, Heffter etc.) darauf hinweisen, dass auch im ruhenden Muskel im normalen Zustande Milchsäure gefunden werden könne, so beweist das immerhin nichts gegen die Thatsache, dass die Quantität der Milchsäure im thätigen Muskel ungemein zunimmt. Für die uns beschäftigende Frage über die Bedeutung der

---

[1]) „Ueber angebliche saure Reaction des Muskelfleisches." Sitzung der Berliner Königl. Akademie der Wissenschaften vom 31. März 1859, gelesen von Du Bois-Reymond. Auch in E. Du Bois-Reymond, Gesammelte Abhandlungen zur allgemeinen Muskel- und Nerven-Physik, Leipzig 1807. B. II. S. 3.

[2]) Es muss jedoch bemerkt werden, dass bereits Berzelius im Jahre 1841 constatiert hat, dass sich im Muskel um so mehr Milchsäure entwickelt, je thätiger er ist. Siehe C. G. Lehmann, Lehrbuch der physiologischen Chemie, 1850. I. S. 103.

Milchsäure für die Haltbarkeit des Fleisches ist es entschieden einerlei, ob der Muskel bereits im Ruhezustande ein minimales Quantum Milchsäure besitzt oder nicht, eben so wenig kommt hierfür in Betracht, ob die Milchsäure, wie Foker [1]), Salkowsky [2]) u. A. annehmen, „eine Wirkung des lebenden Protoplasma" darstellt, oder ob sich dieselbe, wie Andere behaupten, infolge der ferneren chemischen Prozesse während der Todesstarre entwickelt. Uns genügt, zu constatieren, **dass überhaupt eine erhöhte Thätigkeit der Muskeln Milchsäure-Bildung veranlasst**, gleichviel, ob dies während des Lebens oder erst nach dem Tode als Folge der weiteren chemischen Processe während der Todesstarre geschieht.

Die Ursache dieser Erscheinung ist in dem erhöhten Sauerstoffbedürfniss zu suchen, welches nach jeder Anstrengung der Muskeln eintritt und bei den heftigen, von dem schnellen Blutverlust bei der jüdischen Schlachtmethode hervorgerufenen Zuckungen nur um so höher werden muss. Ist es ja eine bekannte Thatsache, dass in den Muskeln gehetzten Wildes eine grosse Menge Milchsäure constatirt wurde (Lehmann). Dass die Zuckungen den infolge des schnellen Blutverlustes bereits ohnehin vorhandenen Sauerstoffmangel (Siehe S. 85) noch vermehren, beweist folgender Versuch von Grützner auf's Unzweifelhafteste: Durchschneidet man die zu einem Bein abgehenden Nerven und reizt die entsprechende Partie des Rückenmarks, so dass in den Muskeln des einen Beines Contractionen hervorgerufen werden, während die des zweiten im Ruhezustande verharren, und extrahiert man hierauf sowohl die ruhenden, wie die thätigen Muskeln mit Pyrogallussäure: so hat das Filtrat des thätigen Muskels eine wasserhelle, bis hellgelbe, die des ruhenden eine bräunliche Farbe. Ebenso haben Ludwig Sczelkow und Schmidt nachgewiesen, dass der Sauerstoffverbrauch beim thätigen Muskel grösser ist, als beim ruhenden.

In den Untersuchungen von Araki [3]) finden wir, dass die erhöhte Muskelthätigkeit Milchsäure-Bildung im Harn hervorruft.

---

[1]) Centralblatt f. d. med. Wissensch. 1888, S. 417.

[2]) Virchow's Archiv, B. 5'. Ueber die Möglichkeit der Alkalienentziehung beim lebenden Thier, von Dr. E. Salkowsky.

[3]) Zeitschr. für physiologische Chemie von Hoppe-Seyler 1891. B. 15.

Derselbe stellte im Harn mittelst Strychnin vergifteter Thiere Milchsäure fest, welche vor dem Versuche im Harn derselben Thiere nicht vorhanden war. Aus der Klinik ist uns ebenfalls bekannt, dass im Harn epileptischer Personen nach dem Anfall eine grosse Menge Milchsäure gefunden wird, während dieselbe vor dem Anfalle nicht nachgewiesen werden kann.

Zieht man nun in Betracht, dass die bei der jüdischen Schlachtmethode infolge des schnellen Blutverlustes mit dem Beginn der Bewusstlosigkeit eintretenden Zuckungen ganz den Charakter epileptischer Krämpfe tragen, weshalb sie ja auch „epileptoide Zuckungen" genannt werden, so ist es klar, **dass dieselben Milchsäure-Bildung zur Folge haben,** eine Thatsache, auf deren Bedeutung für die Haltbarkeit und den Geschmack des Fleisches ich noch zurückkommen werde.

b) Die Zuckungen vermindern die Alkalescenz des Blutes.

Aus den Arbeiten von Salkówsky[1]), Minkowsky und den späteren von Zuntz und Geppert, welche die Resultate der Ersteren bestätigten, wissen wir, dass die Alkalescenz des Blutes infolge von heftigen Streckkrämpfen bis um mehr als die Hälfte sinken kann. Zuntz und Geppert[2]) haben bei der Untersuchung des Blutes von Kaninchen vor und nach solchen Krämpfen gefunden, dass, während zur Neutralisation von 100 Gramm dem Thiere vor Eintritt der Krämpfe entnommenen Blutes 238 mgr. kohlensauren Natrons (Na_2CO_3) erforderlich waren, beim gleichen Quantum des nach stattgefundenen Krämpfen entnommenen Blutes schon 106 mgr. genügten. Bei anhaltenden Muskelcontractionen in Folge von Tetanisierung trat in Folge der Alkalienentziehung eine Blutvergiftung durch Säure ein, welche zum Tode führte. Ein ähnliches Resultat hat auch Peiper[3]) erhalten. Derselbe untersuchte das Blut zweier Menschen vor und nach einem $2\frac{1}{2}$ stündigen Marsche und fand, dass zur Neutralisation einer gewissen nach zurückgelegtem Marsche entnommenen Blut-

---

S. 335. — T. Araki, „Ueber die Bildung der Milchsäure und Glycose im Organismus bei Sauerstoffmangel.

[1]) Ibidem.
[2]) Virchow's Archiv f. path. Anat. B. 116 S. 337. 1869.
[3]) Pflügers Archiv, XLII S. 23 u. B.

menge mehr Säure erforderlich war, als bei dem vor Antritt des
Marsches entnommenen Blute, ein Beweis, dass auch beim Menschen
die Alkalescenz des Blutes in Folge von Muskelanstrengung
sinkt. In letzter Zeit hat Cohnstein[1]) durch eine ganze Reihe
von Untersuchungen nachgewiesen, dass bei Pflanzenfressern die
Alkalescenz des Blutes in Folge von Muskelthätigkeit ganz enorm sinkt.
Interessant ist die Thatsache, dass man bei Fleischfressern, z. B.
Hunden, jene überraschenden Resultate nicht erhält; füttert man
aber den Hund einige Tage hintereinander mit Vegetabilien (z. B.
Reis), dann sind die Resultate ganz dieselben, wie bei Pflanzenfressern.

Aus allen diesen Thatsachen geht hervor, dass, wenn schon
bei gewöhnlicher Muskelthätigkeit die Alkalescenz des Blutes vermindert wird, dies bei so heftigen epileptischen Zuckungen, wie sie
die jüdische Schlachtmethode sie mit sich bringt, ganz besonders der
Fall sein muss. Die verminderte Alkalescenz ist aber von ganz
hervorragender Bedeutung für die Haltbarkeit des Fleisches.

c) Der Einfluss der Zuckungen auf die Austreibung des
Blutes aus den kleinsten Gefässen.

Um dieses Moment gehörig zu würdigen, muss man sich die
Mechanik der Contraction der einzelnen Muskelfasern vergegenwärtigen:

Die Muskelfasern sind, wie bereits oben (S. 60) bemerkt
wurde, parallel an einander gereiht und bestehen aus einer Hülle
und einem cortractilen Inhalt. Macht man einen Querschnitt durch
ein ganzes Bündel solcher Fasern, so erscheinen sie auf demselben
als mikroscopisch kleine, nebeneinanderliegende Kreise, zwischen
welchen die kleinsten Blutgefässe, die sogenannten Haargefässe
(Capillaren), wahrnehmbar werden. Während der Contraction ver-
kürzen sich die einzelnen Fasern nicht nur, sondern sie verdicken
sich auch, so dass ihre Durchmesser und somit auch die zwischen
ihnen gelegenen Zwischenräume grösser werden, da ja bekanntlich
die Zwischenräume zwischen grösseren, neben einander gelegenen
Kreisen stets grösser sind, als zwischen kleinen. Nun haben Lud-

---

[1]) „Ueber die Aenderung der Blutalkalescenz bei Muskel-Arbeit."
Virchow's Archiv für path. Anat. 1892, B. 130.

wig und Sadler nachgewiesen, dass die Muskeln während der Contraction, eben infolge der Vergrösserung jener Zwischenräume, blutreicher werden. Da aber auf jede Contraction eines Muskels eine Erschlaffung desselben erfolgt, so wird das Blut abwechselnd während der Contraction des Muskels angesogen und bei der darauffolgenden Erschlaffung mechanisch wieder hinausbefördert.

d) Der Einfluss der epileptoiden Zuckungen auf den schnellen Eintritt der Starre.

Es ist eine bekannte Thatsache, dass Muskelcontractionen den Eintritt der Starre beschleunigen und das Fleisch mürber machen. Daher wird das Fleisch um so schneller genusstähig werden, je intensiver die Muskelkontractionen vor dem Tode gewesen sind. Als der berühmte Naturforscher Schwann im Jahre 1859 die Abhandlung des Prof. Du Bois-Reymond über die Entwickelung von Säure in den Muskeln bei vor dem Tode hervorgerufenen Zuckungen erhielt, richtete er an denselben ein Schreiben, welches als Beweis dafür, wie die pracktische Erfahrung die wissenschaftlichen Entdeckungen bestätigt, seinerzeit im Archiv für Physiologie von Reichert und Du Bois-Reymond[1]) veröffentlicht wurde und dem wir folgende, auch für unsere Frage interessante Stelle entnehmen wollen:

„Ich war bei einem Freunde auf einem benachbarten Landgute. Es waren viele Gäste zu der Eröffnung der Jagd und dem dabei stattfindenden Essen eingeladen Da aber der Tag der Jagderöffnung zu spät bekannt gemacht worden war, so konnten die Antworten der Eingeladenen nicht zeitig genug einlaufen, um darnach das Essen einzurichten. Es hiess also: Nöthigenfalls ist der Hühnerhof reichlich genug versehen, um auszuhelfen. Ich machte die Bemerkung, dass frisch geschlachtete Thiere nicht sofort gebraten werden könnten, weil sie nicht mürbe sind; worauf mein Freund folgendes antwortete: „Es giebt allerdings ein Mittel, diesem Uebelstande abzuhelfen und das Fleisch mürbe zu machen, aber es ist zu grausam, als dass ich es anwenden möchte. Es besteht darin: Man giesst dem lebenden Huhn mit Gewalt einen Löffel Essig in den Mund, bringt es dann in ein verschlossenes Zimmer, worin

---

[1]) Reichert's und Du Bois-Rymond's Archiv, 1859, S. 846.

nichts zerbrechliches ist, namentlich keine Glasscheiben, und jagt es darin herum bis zur gänzlichen Ermüdung. Wenn man alsdann das Thier sogleich schlachtet, so ist das Fleisch sehr mürbe." Sie sehen also, dass die Köchinnen Ihrer Entdeckung zuvorgekommen sind, und wissen, dass die Säure das Fleisch mürbe macht und dass diese Säure durch heftige Anstrengung der Muskeln am lebenden Thier hervorgerufen werde. Es ist jedenfalls interessant zu sehen, wie die wissenschaftliche Forschung Verfahrungsweisen erklärt, auf welche die blosse Erfahrung des gewöhnlichen Lebens schon geführt hatte. Ich glaube, dass die mitgetheilte Thatsache als Bestätigung Ihrer schönen Versuche über die Reaction der Muskeln Interesse für Sie haben wird."

4. In der Entfernung des Wassers aus den Muskeln bei der jüdischen Schlachtmethode.

Infolge des ungemein schnellen Blutverlustes bei der Durch-schneidung beider Halsarterien sinkt der Druck innerhalb der Ge-fässe so schnell, dass er einige Secunden nach der Durchschneidung im Gefäss-System bereits niedriger geworden ist, als in den um-gebenden Geweben; folglich tritt Wasser aus den Geweben in die Blutgefässe über, wodurch der Wassergehalt in gut und insbesondere schnell ausgeblutetem Fleische in Summa vermindert werden muss.

Diese theoretische Voraussetzung findet in der Praxis ihre vollste Bestätigung. In der Erklärung des Berliner Grossschlächter-meisters C. Hoffmann (s. S. 50) heisst es: „Das Fleisch vom geschnittenen, (geschächteten) Thiere ist in zwei Stunden so fest, wie vom betäubten oder geschlagenen in zehn Stunden."

Bei der Erörterung der Ursachen der grösseren Haltbarkeit des durch die jüdische Schlachtmethode gewonnenen Fleisches muss ich noch auf ein weiteres Moment aufmerksam machen, welches einen grossen Einfluss auf den schnellen Eintritt der Fäulniss bei den anderen Schlachtmethoden ausübt, bei der jüdischen aber gänzlich fehlt.

Es ist bereits oben gelegentlich der Beschreibung der Schlacht-procedur mit vorheriger Betäubung bemerkt worden, dass die Schlächter, um eine einigermassen befriedigende Ausblutung zu er-zielen, dem durch den Kopfschlag betäubten Thiere den Hals nicht

nach der jüdischen Methode durchschneiden, sondern mit dem Messer
möglichst tief einzudringen suchen, um umfangreichere Gefässe als
die Halsarterien zu eröffnen.[1]) Infolgedessen wird die innere Oberfläche der geöffneten Brusthöhle, wie sich jeder leicht überzeugen
kann, mit Blut beschmutzt, während sie bei der jüdischen völlig rein
bleibt. Der Schlächter ist daher beim Schlachten mit vorheriger
Betäubung jedesmal gezwungen, zur Reinigung der Brusthöhle
Wasser anzuwenden, letzteres aber ist bekanntlich, abgesehen davon,
dass sowohl der hierzu verwendete Lappen, als auch das Wasser des
Schlachthauses selbst sich in den meisten Fällen — soweit wenigstens
meine Erfahrung reicht — nicht gerade durch besondere Reinlichkeit
auszeichnen, für die Haltbarkeit des Fleisches überhaupt
als ein Gift zu bezeichnen. Bei der jüdischen Schlachtmethode
ist dagegen das Waschen der Brusthöhle ganz überflüssig, da dieselbe bei der Blutentziehung nicht eröffnet wird und infolgedessen,
wie bereits oben bemerkt, vollkommen rein bleibt. Ferner ist noch
die eigenthümliche Fähigkeit des noch warmen, nicht erstarrten
Muskels in Betracht zu ziehen, eine grosse Menge Wasser zu „binden",[2]) eine Thatsache, die von sämmtlichen Specialisten der Fleischkunde zugegeben wird. [3])

Noch vor Kurzem habe ich eine neue Thatsache wahrgenommen,
welche mitunter ebenfalls das schnellere Verderben des Fleisches
der vor dem Schlachten betäubten Thiere zur Folge hat. In
manchen (allerdings seltenen) Fällen erfolgt nämlich ein Bluterguss
in die Fleischmasse des Beckens oder des Oberschenkels und zwar
wahrscheinlich infolge Platzens eines der grossen Schenkelgefässe
(atrt. et. v. femorales). Ich bin nicht im Stande, die Ursache dieser
Erscheinung auch nur mit einiger Sicherheit anzugeben ; sollte aber
die Annahme, das Platzen der grossen Gefässe erfolge in dem Momente,

---

[1]) Manche Schlachter betheuern, dass bei Anwendung des „Schächt-
schnittes" nach vorherigem Kopfschlag die Ausblutung eine noch viel un-
genügendere ist. Vielleicht ist dies auch wirklich der Grund, weshalb derselbe
beim Schlachten mit vorheriger Betäubung nirgends angewandt wird.

[2]) So enthält aus frischem noch nicht erstarrtem Fleische verfertigte
Wurst (z. B. die sog. „Würstl") bloss 30 pCt. Fleisch und 70 pCt. Wasser,
woraus sich auch ihre Wohlfeilheit erklärt.

[3]) Siehe Handbuch der Fleischbeschau für Thierärzte und Richter, von
Prof. Robert Ostertag. 1892. S. 105.

wo dem Thiere der Schlag auf den Kopf versetzt wird, insbesondere bei
sehr alten Ochsen, deren Blutgefässe sehr spröde sind, vielleicht möglich
sein?[1]) Bekanntlich erfolgen ja manchmal sogar Knochenbrüche nicht
an der vom Schlage getroffenen, sondern an einer entgegengesetzten
Stelle, sodass z. B. beim Menschen ein Schlag auf den Scheitel oft
einen Knochenbruch am Schädelgrunde, wo die Knochen noch überdies
viel dicker sind, (als Contre-Coup) hervorrufen kann. Bekannt ist
ferner auch die Thatsache, dass manchmal eine tüchtige Ohrfeige einen
Bluterguss nicht aus dem geschlagenen, sondern aus dem entgegengesetzten Ohre zur Folge hat. Vielleicht wirkt hier auch noch der
Umstand mit, dass die durch den Kopfschlag hervorgerufene Lähmung
der vasomotorischen Centren eine plötzliche Dehnung der Gefässe
zur Folge hat, wodurch manche zum Platzen gebracht werden?

Uebrigens ist es eine in Veterinärkreisen bekannte Thatsache,
dass bei dem durch den Kopfschlag herbeigeführten heftigen Sturz
des Thieres, welcher mit der Niederlegung beim Schächten durchaus nicht verglichen werden kann, oft Knochenbrüche am Becken,
sowie ein Zerreissen der Bänder zwischen dem Kreuz- und Unter-
leibsbein (Hüftbein) vorkommen; es kann also auch hierdurch leicht
ein Platzen der Gefässe herbeigeführt werden.

Indessen die Ursachen dieser Erscheinung mögen welche immer
sein, die Thatsache steht nun einmal fest und muss mit in
Betracht gezogen werden, denn der in den Geweben gebildete
Blutheerd, welcher vom Fleischer anfangs gar nicht bemerkt
wird, führt zur Zersetzung, wenn nicht des ganzen Fleisches, so
doch wenigstens desjenigen Theiles, in welchem sich diese Blut-
ansammlung befindet. Auf meine Anfrage bei zahlreichen Gross-
schlächtermeistern, ob sie nicht bemerkt hätten, dass beim Fleische
der mit vorheriger Betäubung geschlachteten Thiere unter gleichen
Bedingungen manchmal eine Partie schneller verdirbt als eine
andere, erhielt ich die Antwort, dass ihnen diese Thatsache längst
bekannt sei, so dass sie sogar einen technischen Ausdruck dafür
haben: „das Fleisch stickt".

Gehen wir nunmehr zur Erörterung der Frage über: welche
wissenschaftliche und praktische Bedeutung haben für die Haltbar-

---

[1]) Allerdings ist theoretisch die Wahrscheinlichkeit hierfür eine sehr
geringe.

keit und Schmackhaftigkeit des Fleisches die erwähnten vier wesentlichen Vorzüge der jüdischen Schlachtmethode, nämlich die Schnelligkeit der Ausblutung, die Reichlichkeit derselben, die durch die heftigen
Zuckungen veranlasste Erhöhung des Säure-Gehaltes der Muskeln
und Verminderung der Alkalescenz des Blutes und endlich die Verminderung des Wassergehaltes im Fleische — Vorzüge, welche bei
der jüdischen Schlachtmethode entweder ausschliesslich oder in
höherem Masse anzutreffen sind, als bei jeder anderen — sodann die
untergeordneter Momente, wie z. B. dass beim Schlachten mit vorheriger Betäubung die Nothwendigkeit eintritt, die Brusthöhle mit
Wasser zu reinigen u. s. w.

Vergegenwärtigen wir uns, dass das Blut einen vorzüg-
lichen Nährboden für die niederen Lebewesen bildet, so
dass die zufällig in dasselbe gelangenden Keime sich
ausserordentlich zahlreich vermehren, sowie dass diese
Mikroorganismen sich in sauer reagirenden Geweben viel weniger
entwickeln können, als in alkalischen (Siehe S. 79), und dass andererseits bei der jüdischen Schlachtmethode nicht nur weniger
Blut im Fleische zurückbleibt, sondern auch die Alkalescenz des
zurückgebliebenen Blutes durch die heftigen Zuckungen auf die Hälfte
herabgesetzt (Siehe S. 88) und durch eben dieselben Zuckungen,
sowie durch die schnelle Blutentleerung die Milchsäure-Bildung
in den Muskeln ganz bedeutend gefördert wird (Siehe S. 84), so
kann es keinem Zweifel unterliegen, dass sich die Mikroorganismen
im Fleische geschächteter Thiere (natürlich unter sonst gleichen
Bedingungen) nur viel langsamer entwickeln können, als im
Fleische irgend einer anderen Schlachtart, und dass infolge dessen
auch **Zersetzung und Fäulniss bei diesem Fleische nothwendig viel
später eintreten, als bei jedem anderen.**

Indem wir behaupten, dass die grössere Haltbarkeit des durch
„Schächten" erhaltenen Fleisches auf jene vier Bedingungen zurückgeführt werden muss, von denen die gesteigerte Milchsäure-Bildung
wohl die wesentlichste ist, müssen wir aber zugleich bemerken,
dass diese grössere Haltbarkeit nicht die Wirkung der Milchsäure
selbst, sondern der weiteren chemischen Processe ist, welche
sich bei Anwesenheit einer grösseren Quantität von Milchsäure im
Fleische abspielen. In den Geweben des Organismus (d. h. im
Fleische) befindet sich nämlich neutrales phosphorsaures Kalium

(Dikaliumphosphat K_2HPO_4). Dieses wird durch die Wirkung der beim Schächten auftretenden freien Milchsäure zum sauren phosphorsauren Kalium (Monokaliumphosphat KH_2PO_4[1]), welches dem Muskel die saure Reaction verleiht und die Fäulniss verzögert.

Sämmtliche aus der vorliegenden chemisch - physiologischen Untersuchung des Fleisches sowie aus den Erscheinungen bei der jüdischen Schlachtmethode zu Tage tretenden Vorzüge der letzteren lassen sich wissenschaftlich in folgende Sätze zusammenfassen:

1. Der Beginn der Zersetzung des Fleisches hängt von der Menge des in demselben zurückgebliebenen Blutes ab; Hand in Hand mit der schnellen Blutentziehung geht eine Verminderung des Wassergehaltes des Fleisches.

2. Der Muskel führt im Momente der Contractionen (Zuckungen) die Spaltung aus. In Folge der Convulsionen verwandelt sich das Glycogen bei Gegenwart von Sauerstoff in Zucker, welcher sich weiter zersetzt, und es tritt eine Oxydation (chemische Verbrennung) ein. Ist dagegen wenig oder gar kein Sauerstoff vorhanden (wie dies bei der durch die jüdische Schlachtmethode herbeigeführten schnellen Ausblutung der Fall ist), so bildet sich aus dem Zucker Milchsäure.

3. Die gebildete Milchsäure entzieht im Muskel dem K_2HPO_4 (neutrales phosphorsaures Kalium) das eine Atom Kalium, sättigt sich damit und lässt KH_2PO_4) (saures phosphorsaures Kalium) entstehen, welch letzteres fäulniss-hindernd wirkt. Ist aber im Fleische noch viel Blut vorhanden, so entzieht das saure phosphorsaure Kalium dem Blute wieder Alkalicarbonat und bildet wieder alkalisch - reagierendes phosphorsaures Kaliumphosphat (oder phosphorsaues Natriumphosphat).

4. Wird also beim „Schächtschnitt" das Blut möglichst schnell und möglichst vollständig entfernt, so bleibt im Körper

---

[1]) $C_3H_6O_3$ (Milchsäure) + K_2HPO_4 (neutrales phosphorsaures Kalium) = $C_3H_5KO_3$ (milchsaures Kalium) + KH_2PO_4 (saures phosphorsaues Kalium).

nur ein sehr geringer Rest disponibler Sauerstoff übrig.
Der Vorzug des schnellen Ausblutens ist also, abgesehen
von der schnellen Bewusstlosigkeit, die Vermeidung der
Oxydation der Milchsäure und die Verminderung der
grösseren oder geringeren Neutralisation des sauren phosphorsauren Kaliums. Der locker gebundene Sauerstoff,
der beim Aufhören der Herzthätigkeit im Blute noch vorhanden ist, wird stets schnell verbraucht, auch bei völliger
Ruhe des Herzens, unter Einwirkung auf die Organe, die
mit dem Blute in Berührung stehen, so dass beim Eintritt
der Starre kein Sauerstoff mehr vorhanden ist.

5. Entsprechend dem in ihm enthaltenen sauren phosphorsauren Kalium reagiert der Muskel sauer und
erhält eine grössere Schmackhaftigkeit.

6. Ein lebender contractionsfähiger Muskel reagiert im Zustande der Ruhe in der Regel neutral oder alkalisch.

7. Die Spaltung infolge der Contractionen geschieht nicht nur
bei den Muskeln, sondern, soviel bekannt, zugleich bei allen
thierischen Zellen.

8. Die Contractionen gehen bei den Muskeln Hand in Hand
mit einer Veränderung ihres Protoplasma.

9. Die epileptoiden Zuckungen beim „Schächten" beeinflussen
folglich den schnelleren Eintritt der Todesstarre.

Aus den Ergebnissen der chemisch-physiologischen Untersuchungen muss man also unbedingt zu dem Schlusse gelangen,
dass hinsichtlich der Haltbarkeit des Fleisches, mit anderen
Worten, **hinsichtlich der Hygiene die jüdische Schlachtmethode vor
allen anderen den Vorzug verdient.** Ja man kann sogar fast mit
Sicherheit behaupten, dass **wohl kaum jemals eine andere Schlachtmethode gefunden werden wird, welche alle durch die anatomischen
und physiologischen Gesetze des Blutkreislaufes bedingten Vorzüge
der jüdischen Schlachtmethode in sich vereinigen wird.**

Die vom Leiter der Berliner Anti-Schächt-Bewegung, Herrn
Hans Beringer, auf dem Dresdener Congresse aufgestellte Behauptung: „Das Fleisch der geschächteten Thiere ist nicht so

empfehlenswerth u. s. w."[1]) findet also keine Bestätigung durch
die Wissenschaft und die praktische Erfahrung; sie beruht auf
völliger Unkenntniss der elementarsten Gesetze der
Chemie und Physiologie.

Hinzugefügt sei, dass auch die mikroskopische Untersuchung
des Fleisches es vollkommen bestätigt, dass der ursprüngliche Bau
der Muskelfasern beim Fleische der vor dem Schlachten auf irgend
eine Weise betäubten Thiere sich früher verändert, d. h. in Zersetzung übergeht, als bei dem geschächteten Thiere. An dieser
Stelle, wo ich mich vorwiegend an Laien wende, muss ich mir das
Eingehen auf nähere Details und die Beibringung von Zeichnungen
mikroskopischer Präparate versagen. Nur so viel sei bemerkt:
Unter dem Mikroskop erscheinen die meisten Muskeln des Organismus im frischen Zustande quer gestreift[2]); sobald aber der Muskel
sich zu zersetzen beginnt, verschwindet zunächst dieses mikroskopische Bild, die Querstreifen sind nicht mehr zu erkennen. Wenn
wir die unter gleichen Bedingungen aufbewahrten Muskeln der
nach verschiedenen Methoden geschlachteten Thiere in bestimmten
Zeitabständen mikroskopisch untersuchen, finden wir aber, dass zu
einer Zeit, wo bei den Muskeln der vor dem Schlachten betäubten
Thiere die Querstreifen der Fasern bereits gänzlich verschwunden
sind, dieselben bei den Muskeln geschächteter Thiere noch deutlich
zu erkennen sind, und zwar ist dies zwei bis drei Tage der Fall.

Bevor ich die Besprechung der chemischen Untersuchungen des
Fleisches schliesse, sei hier noch Einiges über die Reaction des
Fleisches nachgetragen. Es könnten diese Einzelheiten manchem
Leser vielleicht überflüssig erscheinen, ich muss jedoch darauf
besonders eingehen, weil die verschiedenen, widersprechenden Ansichten über die Reaction, folglich auch über die Qualität des
durch die verschiedenen Schlachtmethoden gewonnenen Fleisches
wahrscheinlich darauf zurückzuführen sind, dass man sich bei
den diesbezüglichen Untersuchungen verschiedener Reagentien, insbesondere des für die Bestimmung der Fleisch-Reaction oft unsicheren

---

[1]) Referat über die Reform des Schlachtwesens, erstattet beim X.
internationalen Thierschutzcongrss in Dresden, von H. Beringer, Berlin.
(Sonder-Abdruck aus dem Congress-Bericht.)
[2]) Deshalb werden solche Muskeln quergestreifte Muskeln genannt. Sie haben die Fähigkeit, willkürlich Contractionen auszuführen.

Lackmuspapieres bediente. Letzteres ist zwar für diese oder jene
Flüssigkeit ein vortreffliches Reagens, bei der Bestimmung der
Fleisch-Reaction liefert es dagegen manchmal widersprechende Resultate. Ich habe im Laufe zweier Monate Untersuchungen von verschieden altem und unter verschiedenen Bedingungen aufbewahrtem
Fleische, sowie von wässerigem Extract des Fleisches bald ohne,
bald mit Zusatz einiger Tropfen Chloroform[1]) vorgenommen, aber
so widersprechende Resultate erhalten, dass man dieses Reagenz-
Mittel für Fleischuntersuchungen wohl als unbrauchbar erachten
könnte. Manchmal habe ich z. B. sogar von einem und demselben
Fleischstücke sowohl eine saure, als eine alkalische — die sogen.
amphotere Reaction — erhalten: das rothe Lackmuspapier färbte sich
blau, das blaue roth.[2])

Die Erklärung hierfür ist eine einfache: der Farbstoff des Lackmus besitzt die Eigenschaft, bei Anwesenheit von Phosphaten eine
doppelte Reaction zu zeigen. Da nun im Fleische sowohl neutrale
als auch saure phosphorsaure Salze (Dikaliumphosphat und Monokaliumphosphat) enthalten sind, so färbt sich das rothe Lackmuspapier blau, das blaue roth. Auf diese Erscheinung hat bereits im
Jahre 1859 Prof. Du Bois-Reymond in seinen Untersuchungen über
die saure Reaction des Muskelfleisches aufmerksam gemacht. In
dieser Abhandlung lesen wir (S. 11):

„Mein Freund Heintz war es, der mich im Beginn meiner
Versuche über die Reaction der Muskeln darauf aufmerksam machte,
dass bei der amphoteren Reaction vermuthlich nicht der blaue
Farbstoff roth, der rothe blau, sondern beide Farbstoffe gleichmässig
violett würden, was der Versuch bestätigte."

Derselbe Gelehrte giebt jedoch ein Mittel an, wie die hieraus
entstehenden Schwierigkeiten zu beseitigen sind: Auf einem ge-
firnissten Brettchen aus Lindenholz spanne man mit Hilfe von Stech-
knöpfen eine Anzahl rother und blauer Lackmuspapierstreifen in bunter
Reihe nebeneinander aus, so dass je ein Streifen den folgenden mit
dem Rande dachziegelförmig deckt. Die Fläche, deren Reaction

---

[1]) Dieser Zusatz verzögert den Eintritt der Fäulniss.

[2]) Dieselbe amphotere Reaction ergiebt der normale menschliche Harn
bei normaler Lebensweise, was ebenfalls durch phosphorsaure Salze bedingt wird. Im Fleische sind aber auch noch Eiweissstoffe vorhanden, welche
die amphotere Reaction veranlassen können.

geprüft werden soll, presse man gegen die Grenze zweier Streifen, so dass sie zur Hälfte einem rothen, zur Hälfte einem blauen Streifen anliegt. Man hat alsdann nicht allein den Vortheil, dass man in einem Versuche zwei Erfolge zugleich beobachtet, sondern es wird auch das Urtheil über die Natur und den Grad einer z. B. auf blauem Grunde erzeugten Verfärbung durch den gegenwärtigen Eindruck des benachbarten Roth wesentlich unterstützt.

Was die verschiedenartige Reaction auf Lackmus und Lackmoid betrifft, so ist die Erklärung hierfür nicht minder einfach: das Lackmoid hat eine starke Affinität zu Alkalien, folglich wird das rothe Lackmoidpapier blau werden, so lange im Fleische eine Spur von Alkalien vorhanden ist. Dagegen hat das Lackmus eine grössere Verwandschaft zu Säuren als zu Alkalien, weshalb sich das blaue Lackmuspapier, solange Spuren von Säure, wenn auch als saure Salze, vorhanden sind, roth färbt. Dieselben Fehler können auch bei der Untersuchung eines wässerigen Extractes des Fleisches erhalten werden, da sich in demselben ebenfalls verschiedene Stoffe von verschiedener Reaction befinden. Dieselben widersprechenden Resultate haben übrigens auch andere Forscher erhalten (Heffter, Rhömann u. a.). Heffter[1]) bemerkt daher mit Recht, das zur Untersuchung der Reaction der Muskeln das viel sicherere Phenolphtaleïn angewandt werden muss, eine färbbare, sehr empfindliche Substanz, welche sich besonders zur Bestimmung schwacher Säuren eignet.

In der Anwendung verschiedener Reagentien oder des für die vorliegenden Untersuchungen unsicheren, zum mindesten nicht für jedes Auge sicheren Lackmuspapieres erblicke ich den Grund, weshalb manche Gelehrten die Angaben des Prof Du Bois-Reymond, dass der thätig gewesene Muskel sauer reagiert, bestätigen, andere diese Thatsache bestreiten. Einen Beweis, dass sich Milchsäure-Bildung im Muskel bei epileptoiden Zuckungen vollzieht (also eine Bestätigung der Behauptung des Prof. Du Bois-Reymond u. A.), finden wir unter Anderem in den Untersuchungen von Hoppe-Seyler und Araki, durch welche die Bildung von Milchsäure aus Glycose bei Sauerstoffmangel ausser Zweifel gesetzt ist. Man braucht

---

[1]) Die Reaction des quergestreiften Muskels, von A. Heffter. Archiv für experimentelle Pathologie und Pharmakologie, redig. von Dr. D. Panum u. Dr. O. Schmiedeberg, B. XXXI, 4. u. 5. Heft, S. 225.

sich bloss zu vergegenwärtigen, dass epileptoide Zuckungen durch
die übermässige Beschleunigung der Athmung ein erhöhtes Sauerstoffbedürfniss hervorrufen Endlich beweist, wie bereits oben bemerkt wurde, auch die klinische Praxis, dass sich in Folge von
epileptoiden Muskelcontractionen Milchsäure im Harn bildet: im
Harn von Fallsüchtigen werden nach einem epileptischen Anfall
grosse Quantitäten Milchsäure gefunden, welche im Harn derselben
Personen vor dem Anfalle nicht zu finden ist.

III. Die Schlachtfrage vom Standpunkte der Oekonomie.

Es unterliegt keinem Zweifel, dass bei oberflächlicher Betrachtung die Schlachtmethode mit vorheriger, gleichviel wie gearteter Betäubung als die für den Metzger vortheilhafteste erscheinen muss, denn

1) erfordert diese Methode einen geringeren Aufwand an Zeit und Menschenkräften;

2) wird durch die im Fleische zurückbleibende grössere Blutmenge ein höheres Schlachtgewicht erzielt, so dass der Metzger für das ganz werthlose Blut den vollen Preis des Fleisches erhält;

3) kann das Blut, wenn es zur Albuminfabrikation verwendet werden soll, leichter aufgefangen werden, da es bei dieser Schlachtmethode nur langsam ausfliesst, während es beim Schächtschnitt wie aus einem Springbrunnen hervorschiesst, so dass der Metzger, wie bereits oben bemerkt wurde, oft die durchschnittenen Gefässe mit der Faust zusammenpressen muss, um den Blutstrom einigermassen zu hemmen;

4) bei der jüdischen Schlachtmethode bleiben infolge der Durchschneidung des Halses ein paar Pfund Fleisch von letzterem am Kopfe haften, während der Metzger bei jeder anderen Schlachtmethode den Kopf beliebig hoch, z. B. an der Vereinigung mit dem ersten Halswirbel abschneiden kann, so dass er jenes Fleisch für sich behält, während er für den abgeschnittenen Kopf doch denselben Preis erzielt.

Allein alle diese Vortheile sind nur scheinbare, und erfahrene Grossschlächter sind nie auf solche kleinlichen Vortheile erpicht,

sondern wenden vielmehr, um ein besseres und haltbareres Fleisch
zu erhalten, die jüdische Schlachtmethode an. Das beweisen am
besten die bekanntlich recht practischen Amerikaner, welche ihr
Vieh meist schächten lassen (in manchen Staaten ausschliesslich);
wie ja auch in den meisten Conserven-Fabriken, wo man sich sicherlich ebenfalls auf die ökonomische Seite des Viehschlachtens versteht, die jüdische Schlachtmethode angewandt wird. **Der Käufer
wird beim Einkauf von Fleisch betäubter Thiere unzweifelhaft benachtheiligt.** Nicht genug, dass er für werthloses Blut den Preis
des Fleisches bezahlen muss, erhält er auch noch eine gehörige
Quantität Wassers, welches das warme Fleisch beim Waschen
aufgenommen hat (Siehe S. 91). Am Meisten werden durch diese
Schlachtmethode die Krankenhäuser der grossen Städte, sowie
die Heeresverwaltungen übervortheilt, wenn sie sich ihren Fleisch-
bedarf auf dem Wege der Lieferung beschaffen. Nach meinen Berechnungen wird eine Regierung, welche eine halbe Million Soldaten
unterhält, von ihren Fleischlieferanten auf diese Weise jährlich um
ungefähr eine Million Mark übervortheilt [1]).

¹) Dies ergiebt sich aus folgender Berechnung: Die Säugethiere, somit
auch das Rind. besitzen an Blut ¹/₁₃ ihres Körpergewichtes, d. h. ein Ochs,
welcher z. B. 1000 Pfund wiegt, besitzt 78 Pfund Blut, so dass auf jedes
Pfund (500 Gr.) Körpergewicht je 38 Gr. Blut kommen (auf ein Pfund Fleisch
noch mehr). Aus der Tabelle No. 1 über die Blutentleerung bei den verschiedenen Schlachtmethoden (Seite 58) ersehen wir, dass, während bei der
jüdischen Schlachtmethode im Cadaver 28%, d. h. auf jedes Pfund Fleisch
rund 10 Gr. Blut zurückbleibt, bei der Schlachtmethode mit vorheriger Betäubung im Cadaver 71%, d. h. auf jedes Pfund Fleisch rund 27 Gr. Blut
zurückbleibt, also auf jedes Pfund Fleisch 17 Gr. Blut mehr als bei der
jüdischen Schlachtmethode. Der Fleischverbrauch bei einem ½ Million starken
Heere beträgt (à 250 Gr. pro Tag und Kopf gerechnet) 250 000 Pfund. Nehmen
wir nun das Plus an Blut im Fleische betäubter Thiere nicht, wie oben bewiesen, mit 17 Gr., sondern bloss mit 10 Gr. pro Pfund an, so bezahlt die
Heeresverwaltung täglich für 5000 Pfund Blut wie für das gleiche Quantum
Fleisch. Das macht für's Jahr berechnet 1,825,000 Pfund. Berechnen wir
den Preis des Fleisches mit bloss 50 Pf. pro Pfund (!), so ergiebt sich bereits
für die Heeresverwaltung ein jährlicher Verlust vom Mk. 912,500, abgesehen
davon, dass der Soldat die ihm zugedachte tägliche Fleischration nicht vollständig erhält.

Resumé:

Vorstehende Ausführungen fasse ich in folgende Thesen zusammen:

1. **Vom Standpunkte des Thierschutzes gibt es keine humanere Schlachtmethode, als die jüdische,** denn

   a) sie führt am schnellsten und am sichersten durch Anämie des Gehirns Bewusst- und Empfindungslosigkeit herbei (vgl. S. 6 ff.);

   b) der Schnitt mit einem haarscharfen, schartenlosen Messer ist an sich schmerzlos und trifft am Halse wenig empfindsame Nervenfasern (vgl. S. 14).

   Das Fesseln und Niederlegen der Schlachtthiere zum Zwecke des „Schächtens" kann einerseits vermittelst der zahlreich vorhandenen Apparate leicht und völlig schmerzlos bewerkstelligt werden und hat andererseits den hohen Vorzug der Sicherheit für das Schlachtpersonal (vgl. S. 44 ff.);

2. **Vom Standpunkte der Hygiene gibt es keine rationellere Schlachtmethode als die jüdische,** denn

   a) infolge der reichlichen und zumal der wesentlich schneller sich vollziehenden Ausblutung, sowie infolge der gegen Ende der Verblutung auftretenden epileptoiden Zuckungen wird im Organismus der geschächteten Thiere Milchsäure entwickelt, welche durch ihre weitere chemische Verbindung mit phosphorsaurem Kalium dieses in milchsaures und saures phosphorsaures Kalium verwandelt; saures phosphorsaures Kalium aber verhindert die Entwickelung der Mikroorganismen, verzögert

also die Bildung der Fäulnissprodukte (Ptomaïne,
giftige Substanzen) und verleiht dem Fleische erhöhte Schmackhaftigkeit (vgl. S. 94f.);

b) infolge der epileptoiden Zuckungen wird das im Fleische
zurückgebliebene Blut weniger alkalisch und bildet auch
deshalb einen weniger günstigen Boden für die
Entwickelung der Bacterien (vgl. S. 88);

c) infolge der epileptoiden Zuckungen ist das Fleisch
mürber und hat ein besseres Aussehen.

3. **Vom Standpunkte der Zweckmässigkeit gibt es
keine empfehlenswerthere Schlachtmethode als die
jüdische,** denn

a) durch das schnellere Eintreten der Starre wird das
Fleisch früher genussfähig (vgl. S. 66);

b) durch das spätere Eintreten der Fäulniss bleibt das
Fleisch auch im Sommer 2—3 Tage länger genussfähig (vgl. S. 78);

c) durch den wesentlich geringeren Gehalt an Blut und
Wasser im Fleische geschächteter Thiere wird der
Käufer weniger benachtheiligt (vgl. S. 101).

Schlusswort.

Indem ich die Ergebnisse meiner physiologischen und chemischen Untersuchungen, sowie meiner Beobachtungen im Schlachthause der Oeffentlichkeit unterbreite, mag nochmals nachdrücklichst betont sein, dass ich beim Studium der vorliegenden Frage stets aufrichtig bemüht war, möglichst objectiv zu verfahren und zu urtheilen. Um jeden Schein von Subjectivität zu vermeiden, habe ich deshalb in zweifelhaften Fällen die betreffenden Versuche jedesmal in Gegenwart eines zweiten Sachverständigen wiederholt. Mit nicht geringerem Eifer als jedes andere Mitglied eines Thierschutzvereines bin ich an das Studium des Gegenstandes herangetreten und habe anfangs ebenfalls geglaubt, es müssten in der jüdischen Schlachtmethode Mängel vorhanden sein, um derentwillen sie als eine Thierquälerei bezeichnet werden könnte. Diese meine ursprüngliche Voraussetzung ist erklärlich. Wenn so viele Thierschutzvereine — sagte ich mir — diese Methode als eine barbarische verdammen und hartnäckig auf ihre Beseitigung drängen, so müssen sie doch zwingende Gründe dafür haben. Allein, nachdem ich sämmtliche wissenschaftlichen und praktischen Seiten der Frage genau studirt, nachdem ich alles, was im Laufe von 44 Jahren gegen das „Schächten" geschrieben worden, aufmerksam gelesen und geprüft, nachdem ich endlich auch die verschiedenen, nicht immer ganz erlaubten Mittel kennen gelernt hatte, deren sich manche der Anti-Schächt-Agitatoren zu bedienen für gut erachten, habe ich die Ueberzeugung gewonnen, dass den meisten dieser Herren durchaus nicht daran gelegen ist, zu erfahren, welche Tödtungsart für das Thier die schmerzloseste ist, sondern dass sie von ganz anderen Beweggründen geleitet werden. Es soll nicht bezweifelt werden, dass manche von ihnen ursprünglich aus Ueberzeugung in die Agitation eingetreten sind, indem sie das jüdische Schlachtverfahren anfangs wirklich für ein grausames hielten; aber die Leidenschaft hat ihr Urtheil getrübt, sonst könnten sie nicht jetzt offenkundige Thatsachen so skrupellos ignoriren.

Beim Lesen der thierschützlerischen Literatur aus den fünfziger Jahren (das ist die Zeit, in welcher diese Frage im Schweizer Canton Waadt und hierauf im Aargau, in Endingen und Lengnau, zum ersten Male auftauchte), erkennen wir den gewaltigen Unterschied zwischen dem damaligen und dem jetzigen Charakter der Angriffe auf die jüdische Schlachtmethode. Als in den ersten Jahrzehnten die Bewegung gegen das „Schächten" in diesem und jenem Thierschutzvereine entstand, war sie wirklich von der Voraussetzung getragen, dass das „Schächten" eine für das Thier qualvolle Todesart sei, und es trat daher sofort Beruhigung ein, als von autoritativer Seite erklärt wurde, diese Methode sei durchaus nicht qualvoller als irgend eine andere; im letzten Jahrzehnte dagegen, wo der Antisemitismus in Deutschland so mächtig angewachsen ist, tragen jene Angriffe einen ganz anderen Charakter. Leider haben die Erfinder neuer, im ersten Augenblick ganz vortrefflich scheinender Methoden jenen Herren am wirksamsten in die Hände gearbeitet, und es nutzte auch nichts, dass die eben noch gepriesenen Methoden sich schon nach kurzer Zeit als ungeeignet erwiesen und verworfen werden mussten. Die Geschichte der Bewegung zeigt, dass die Agitation gegen die jüdische Schlachtmethode jedesmal blitzartig emporloderte, sobald ein neuer Tödtungsapparat irgendwo am Horizont auftauchte, ohne dass man sich erst die Mühe gegeben hätte, denselben auf seine Tauglichkeit zu prüfen. Man braucht blos die gedruckten Congressberichte einer und derselben Thierschutzgesellschaft zu lesen, um zu sehen, wie bald diese, bald jene Methode auf dem einen Congresse als die beste gepriesen, auf dem folgenden als grausame Thierquälerei verdammt, und auf dem dritten wieder als die humanste Tödtungsart empfohlen wird.

Wie sehr die Thierschutzvereine in Bezug auf die beste Schlachtmethode im Dunkeln tappen, wird folgende Thatsache am drastischsten beweisen. Am 22. Januar 1886 erliess der Genfer Thierschutzverein die Verordnung (Reglement pour le mode d'abattage israëlite), dass zur Verbesserung der jüdischen Schlachtmethode in humanitärer Beziehung sofort nach dem Durchschneiden der Halsgefässe der Nackenstich vorgenommen werden müsse. Was es jedoch mit dieser „Verbesserung" auf sich hat, habe ich in meinen Vorträgen in der St. Petersburger medicinischen Gesellschaft be-

wiesen. An der Hand durchsägter Köpfe mehrerer durch Nackenstich getödteter Ochsen habe ich gezeigt, dass es beim üblichen
Nackenstich nicht möglich ist, das verlängerte Mark zu treffen, und
der letztere deshalb dem Thiere durch die Verletzung der empfindlichsten Nerven fürchterliche Qualen verursacht. Dieser Nackenstich, der die Centren der Bewegung paralysiert, ist nichts weiter
als eine allerdings bequeme Art des Niederwerfens des Thieres,
welche aber hier bei der Applicirung nach dem Schächtschnitte
ganz unbegreiflich ist, da das Thier ja bereits am Boden liegt und
verblutet. Abgesehen von der Verschlechterung des Fleisches,
welche die infolge Lähmung der gefässbewegenden Nerven unge-
nügende Ausblutung zur Folge hat, kann dieser Nackenstich durch
die von ihm verursachten höllischen Schmerzen auch noch das
Wiedererwachen des infolge der Blutarmut des Gehirns bereits erloschenen Bewusstseins zur Folge haben. Jedem Arzt ist es bekannt, dass der Mensch bei den mit Bewusstlosigkeit verbundenen
Krankheiten, wie z. B. Gehirnentzündung, durch Reizung der
empfindlichsten Nerven, d. h. durch die Verursachung eines intensiven
Schmerzes, zeitweilig wieder zu Bewusstsein gebracht werden kann.
Nichtsdestoweniger wird der Nackenstich als „Ergänzung" der
jüdischen Schlachtmethode in Genf und an anderen Orten ruhig
weiter practicirt, und er wurde sogar zu uns nach Russland verschleppt,
wo er in den Schlachthäusern von St. Petersburg, Moskau und anderer
Städte Einführung fand. Allerdings wird er bei uns wahrscheinlich
auf Grund meiner von den anderen Kommissions-Mitgliedern bestätigten Untersuchungen bald als grausam und überflüssig wieder
abgeschafft werden.

So hat denn die sinnlose Verordnung, eine Frucht des eigen-
sinnigen Drängens eines irregeleiteten Thierschutzvereins, nur dazu beigetragen, den Schlachtthieren völlig überflüssige Qualen zu bereiten!

Nicht minder sinnlos ist die von manchen Thierschutzvereinen aus
humanitären Gründen verlangte Anwendung des Kopfschlages
nach der Durchschneidung der Halsgefässe. Mag der Schlag auch
noch so schnell vorgenommen werden, es muss immerhin aus rein
technischen Gründen zwischen dem Halsschnitte und diesem
wenigstens eine solange Zeit vergehen, dass das Thier bereits in
Folge der Blutleere des Gehirns bewusstlos ist. Würde man den Schlag
sehr schnell vornehmen, so kann er, ebenso wie der Nackenstich,

das Wiedererwachen des kaum erloschenen Bewusstseins zur Folge haben; wird er aber ausgeführt, wenn das Bewusstsein gänzlich erloschen ist, dann ist er vollkommen widersinnig. In humanitärer Hinsicht würde also durch diese „Ergänzung" möglicherweise eine Verschlechterung der Methode erzielt werden; in Hinsicht der Hygiene ist dies gewiss der Fall, weil durch den Kopfschlag die Blutentleerung infolge der Lähmung der gefässbewegenden Nerven verringert wird.

Ist es nach alledem noch möglich, den Thierschutzvereinen, bei aller Achtung vor den sonstigen Bestrebungen dieser Körperschaften, die Lösung der Frage über das Viehschlachten, zu überlassen? Dürfen auf Grund ihrer Forderungen Massregeln irgendwelcher Art schlankweg getroffen werden? Die Lösung einer die Gesammtheit so eminent angehenden Frage ist einzig und allein die Aufgabe der zuständigen Regierungsbehörden, welche in der Lage sind, sich von competenten Beurtheilern über den wahren Sachverhalt unterrichten zu lassen. Schon die Thatsache, dass die russischen Thierschutzvereine noch bis vor Kurzem (bis zu den Untersuchungen der mehrfach erwähnten Kommission) als eine ideale Schlachtmethode den Nackenstich betrachteten, welcher von vielen deutschen Thierschutzvereinen als barbarisch verurtheilt wird, dass ferner im deutschen Reiche selbst an vielen Orten (z. B. in Leipzig) als die vorzüglichste Methode die Bruneau'sche Maske gepriesen wird, die in Berlin nach Prüfungen im Schlachthause als grausam gilt und durch den Kopfschlag ersetzt wird — schon diese Thatsachen beweisen zur Genüge, dass die Thierschutzvereine nicht das Forum sind, das über die vorliegende Frage zu entscheiden hat. Erst wenn die berufenen Beurtheiler, die Männer der Wissenschaft und der praktischen Erfahrung, ihr Votum abgegeben haben, welche Schlachtmethode thatsächlich die beste ist, wird es die Aufgabe der Thierschutzvereine sein, darüber zu wachen, dass diejenigen Methoden, die von der Wissenschaft als thierquälerisch, als barbarisch erkannt sind, nirgends mehr Anwendung finden sollen.

Ich bin so vertrauensselig nicht, zu hoffen, dass gewisse Herren, welche leider nur zu oft in den Thierschutzvereinen einen massgebenden Einfluss ausüben, diese Mahnung beherzigen werden. Wäre es diesen Herren wirklich darum zu thun, eine gute, möglichst schmerzlose Schlachtmethode zu finden, dann würden sie viel geradere Wege einschlagen, als sie es in Wahrheit thun. Anstatt loyal, wie dies der russische Central-Thierschutzverein gethan, die Wahrheit an der Hand von wissenschaftlichen und praktischen Untersuchungen zu erforschen und den Ergebnissen dieser Untersuchungen, welche seit Jahren vorliegen, sich zu beugen, sind sie geschäftig bemüht, durch unwahre Darstellungen, welche in Hunderttausenden von Flugblättern verbreitet werden, die Frage zu verdunkeln. Hier ein Beispiel dieser unsauberen Praktiken derselben Männer, welche zum Schutze der „öffentlichen Moral" den Sturmlauf gegen das jüdische Schlachtverfahren predigen:

In den N. N. 35 und 37 der im Namen des Berliner Thierschutzvereins verbreiteten Flugblätter werden die angeblichen Untersuchungen berühmter Professoren, wie z. B. des Geheimen Regierungs- und Medizinalraths, Professors der Physiologie Du Bois-Reymond in Berlin, des Prof. Brouardel in Paris u. A. mitgetheilt. Als ich diese Flugblätter las, war es mir unbegreiflich, wie diese hochgelehrten Männer solche, den fundamentalen Grundsätzen der Physiologie, der Medicin und der Hygiene widersprechende Ungereimtheiten haben behaupten können. Da ich mich selbst mit den betreffenden Fragen beschäftigt und ganz entgegengesetzte Resultate erhalten hatte, wandte ich mich brieflich zunächst an den Herrn Prof. Du Bois-Reymond mit der Bitte um freundliche Mittheilung, durch welche Untersuchungen er zu solchen Schlüssen gekommen sei, wie sie vom Berliner Thierschutzverein in seinem Namen veröffentlicht werden. Als Antwort erhielt ich folgenden, von dem gefeierten Gelehrten eigenhändig geschriebenen Brief:

Berlin, 2. November 1893.

Dem Hofrath Herrn Dr. J. Dembo aus Petersburg.

Geehrtester Herr Doctor!

In der mir von Ihnen| gütigst mitgetheilten Nummer 35 des Blattes des Berliner Thierschutz-Vereines findet sich gesperrt gedruckt folgende Behauptung: „Die ausserordentlich wichtige Thatsache, dass das Fleisch von Thieren, die vor und bei dem Schlachten geängstigt und gequält wurden, sich in nachtheiliger gesundheitsgefährlicher Weise ver-

ändert, ist durch gründliche wissenschaftliche Untersuchungen, besonders von dem bekannten Physiologen Du
Bois-Reymond nachgewiesen worden. Das Fleisch dieser
Thiere verdirbt früher und zeigt besonders beim Einpökeln
seine nachtheiligen Veränderungen." Ebenso heisst es dann
in No. 37: „Die Untersuchungen des Physiologen Du Bois-
Reymond haben das bestimmte Resultat geliefert, dass
durch Aengstigung und Quälerei der Thiere in dem Blute
derselben eine höchst nachtheilige Veränderung eintritt,
wodurch die Annahme bestätigt wird, dass bei Schlachtthieren, die ohne vorherige Betäubung getödtet werden,
das Blut durch die Schmerzen und die Todesangst in einen
fieberhaften Zustand kommt, der das Fleisch ungesund
macht."

Ihrem Wunsche gemäss erkläre ich hiermit und er-
mächtige Sie von dieser Aussage jeden beliebigen Gebrauch
zu machen, dass die obigen Angaben, soweit sie mich
betreffen, vollständig aus der Luft gegriffen sind.
Ich habe solche Untersuchungen, wie sie mir
darin zugeschrieben werden, nie angestellt, und
halte sie für sinnlos und ihr angebliches Ergebniss
für falsch.

Hochachtungsvoll ergebenst

E. du Bois-Reymond.

Herr Professor Brouardel in Paris, auf den die Herren
Thierschützler sich, wie gesagt, gleichfalls berufen hatten, schreibt:

Paris, 7. November 1893.
Faculté de Médecine.

Geehrtester Herr College!

Ich habe mich niemals über das Viehschlachten geäussert und habe niemals auf dessen Consequenzen hingewiesen. Sie können die diesbezüglichen Behauptungen
dementiren.

Ihr

Brouardel.

Ist es nach der Enthüllung solcher Machinationen (und ich
könnte noch mit einer ganzen Reihe ähnlicher aufwarten) einem
wirklichen Freunde des Thierschutzes noch möglich, an der bona
fides dieser Herren zu glauben? Würden dieselben es wirklich
ernst mit dem Thierschutze meinen, so würden sie, anstatt Zeit,
Mühe und riesige Unsummen für die Herstellung und Verbreitung
solcher Flugblätter und für die Unterbringung tendenziöser Zeitungs-
artikel gegen die jüdische Schlachtmethode zu vergeuden, lieber, wie
ich bereits oben erwähnte, für einen besseren Niederlegapparat sorgen,
und vor Allem würden sie auf Beseitigung der Barbareien, der
schreienden Verstösse gegen die Humanität drängen, welche bei den
anderen Schlachtmethoden wirklich begangen werden. Oder wissen
sie nicht, dass z. B. bei Schafen, um alles Blut, das dem Schlächter
Seitens der Albuminfabrik mit 10 Pf. pro Schale bezahlt wird,
aufzufangen und langsam gerinnen zu lassen, dem Thiere unter
Schonung der Weichtheile des Halses mit einem Dolche eine
einzige Oeffnung durch den Hals gestochen wird, aus welcher es
verblutet, während der Schlächter gemächlich dabei steht und mit
einem Stocke das schnelle Gerinnen des Blutes verhindert; dass,
um einen recht weissen Kalbskopf zu erhalten, dem lebendigen Kalb
hinten vom Genick angefangen der Kopf langsam abgeschnitten
wird; dass in manchen Schlachthäusern Schafe stundenlang auf einem
aus Latten zusammengeschlagenen Tische liegen müssen, die Füsse
in die Lücken zwischen den Latten gepresst, damit sie nicht gebunden
zu werden brauchen; dass in der Schlachthalle selbst (so z. B. in
Leipzig) Schafe und Kälber zu Dutzenden stehen und eines nach dem
anderen und vor den Augen des anderen geschlachtet wird?! Oder
ist ihnen nicht bekannt, dass, wie mir der Director des Berliner
Schlachthauses, Herr Dr. Hertwig, mittheilte, die Schweine sich
manchmal, trotzdem ihnen der Bolzen des Kleinschmidt'schen Apparates
bereits im Schädel sitzt, noch bei vollem Bewusstsein befinden und
in diesem Zustande abgestochen werden müssen, damit der im Schädel
festgekeilte Bolzen wieder entfernt werden kann?! Wissen diese Ritter
vom Thierschutz nicht, dass die vermittelst des von ihnen gepriesenen
Kleinschmidt'schen Apparates betäubten Schweine aus dem Kessel
mit siedendem Wasser, in den sie sofort nach der sogenannten
Betäubung geworfen zu werden pflegen, machnal bei vollem Bewusstsein wieder herausspringen?! Wäre es nicht viel humaner

8

(wenn auch ökonomisch nicht so vortheilhaft) diesen Schweinen erst mit einem langen, scharfen Messer die Halsgefässe ' zu durchschneiden?

Anstatt diesen wirklichen Thierquälereien ein Ende zu machen, richten sogenannte Thierschutzgesellschaften Ausfälle gegen eine so zweckmässige, allen Anforderungen genügende Schlachtmethode, wie die jüdische. Es gibt keine wissenschaftliche Frage, über deren Beantwortung in den Fachkreisen eine solche Uebereinstimmung herrscht, wie hinsichtlich des „Schächtens", das von sämmtlichen Capacitäten der Physiologie und der Thierarzneikunde als die humanste, rationellste Tödtungsart bezeichnet wird. Wenn wir die Gutachten lesen, welche die Physiologen der verschiedenen Länder über die jüdische Schlachtmethode erstattet haben, sieht es fast so aus, als ob sie sich über alle Einzelheiten verabredet hätten. Dass aber diese Gelehrten, wahre Säulen der Wissenschaft, ihr Urtheil wider besseres Wissen abgegeben hätten, wird kein vollsinniger Mensch zu behaupten wagen. Ist es nun nicht eine Ungeheuerlichkeit, dass in unserem stolzen neunzehnten Jahrhundert, welches mit seinem Respect vor der Wissenschaft und ihren Trägern prunkt, ein Häuflein von Leuten, die mit der Wissenschaft im allgemeinen und mit der medicinischen insbesondere herzlich wenig gemein haben, sich erlauben dürfen, Männern von so anerkannter Autorität wie Virchow, Du Bois-Reymond etc., deren Namen jeder Gebildete auf dem ganzen Erdenrund mit Ehrfurcht nennt, öffentlich in der Presse vorzuwerfen, sie wüssten über die Schlachtfrage nicht Bescheid — über eine rein physiologische Frage, welche jeder wissenschaftlich gebildete Arzt beantworten könnte?!

In Sachsen und in der Schweiz ist bekanntlich die beste aller Schlachtmethoden, die jüdische, auf die Forderung von sentimentalen Laien hin verboten worden. Ich möchte den Arzt sehen, der in einer medicinischen Gesellschaft in Gegenwart seiner Collegen, ohne zu erröthen und die Achtung vor sich selbst zu verlieren, dieses Verbot rechtfertigen und behaupten würde, die jüdische Schlachtmethode sei wirklich eine barbarische![1]).

_____

   [1]) Leider sind mir die wissenschaftlichen Gründe, auf welche gestützt die sächsische Commission das Urtheil fällen konnte, die jüdische Schlachtmethode widerspreche der Humanität, nicht bekannt, und ich vermag sie daher nicht zu widerlegen. Alle meine Bemühungen, irgend etwas Authentisches über diese Angelegenheit zu erfahren, sind erfolglos geblieben.

Für mich persönlich unterliegt es keinem Zweifel, dass, wenn die Schlachtfrage von den medicinischen und thierärztlichen Gesellschaften (aber nicht von einzelnen Personen!!) entschieden werden wird, es dann auch nicht mehr lange dauern kann, bis die jüdische Schlachtmethode a l l g e m e i n als die beste anerkannt und ü b e r a l l o b l i g a t o r i s c h g e m a c h t w i r d. Wenn der Kopfschlag oder die Maske wirklich die humanste Tödtungsart ist, warum verordnen die Regierungen nicht deren Anwendung bei Hinrichtungen von Menschen, deren Schädel ja viel dünner ist, so dass der Erfolg ein noch viel sicherer wäre? Sind etwa sämmtliche Regierungen weniger human, als die Herren Thierschützer? Und doch sehen wir, dass für Hinrichtungen die Guillotine gebraucht wird - eine Tödtungsart, welche der jüdischen Schlachtmethode sehr nahe kommt, aber, wie oben bewiesen wurde, für das Grossvieh wenigstens nicht anwendbar ist. Als Kaiser Nero seinen ehemaligen Lehrer, den Philosophen Seneca zum Tode verurtheilt und ihm die Wahl der Todesart überlassen hatte — welche hat dieser Philosoph und Naturforscher gewählt? Hat er sich etwa niederkeulen lassen? Keineswegs! Er liess sich die Blutadern durchschneiden, um an Verblutung zu sterben. Und Seneca war doch wohl gegen sich selber zum mindesten ebenso human, als jene Herren vom Thierschutz gegen ihre Schützlinge!

Ein Verdienst darf allerdings, will man gerecht sein, den Agitatoren der Thierschutzvereine doch nicht abgesprochen werden — das Verdienst, die Frage in Fluss gebracht, das öffentliche Interesse dafür geweckt zu haben. Und wenn das Resultat dieser Bestrebungen auch ein ganz anderes als das beabsichtigte sein wird, wenn die jüdische Schlachtmethode, anstatt verworfen und verboten zu werden, vor dem Forum der Wissenschaft ihre volle, ihre alleinige Existenzberechtigung auf's unantastbarste dargethan haben wird, wenn die Regierungen dem Gebote der Wissenschaft durch entsprechende Verordnungen zu Hilfe kommen und die jüdische Schlachtmethode allgemein einführen werden: dann dürfte sich auch mancher der jetzigen eifrigen Gegner dieser Methode mit den Thatsachen aussöhnen und mit einer gewissen Befriedigung sich sagen: „Auch Du hast, wenngleich ohne Absicht, etwas zu diesem guten Ausgange beigetragen." Diejenigen Humanitätsritter aber, deren einziges Streben es ist, ihren jüdischen Mitbürgern den Bissen Fleisch aus dem Munde zu reissen, werden auf die Verwirklichung dieses humanen Strebens so lange warten müssen, bis entweder die Gesetze des Blutkreislaufes und des Blutdruckes im Körper der Thiere geändert, oder aber die Schädel der Ochsen nach dem Muster des menschlichen Schädels umgeformt sind. So lange aber die Gesetze des Blutkreislaufes und der Bau des Ochsenschädels eine Veränderung nicht erfahren haben, wird vergebens nach einer besseren Schlacht-methode als die rasche Blutentziehung aus dem Gehirn gesucht werden. Die einzige Hoffnung, auf welche die Gegner des Schächtens noch hätten bauen können — die Electricität — ist ebenfalls zu Nichte geworden, da diese Tödtungsart, abgesehen davon, dass das Fleisch hierbei ungeniessbar würde, auch, wie Versuche mit Hin-richtungen gezeigt haben, nichts weniger als human ist.

Wenn man beim Studium der Schlachtfrage sieht, wie jede Erfindung eines neuen Schlachtapparates mit neuen Leiden für die zu tödtenden Ochsen verbunden ist, dann muss man immer an den Ausspruch Börne's in den „Aphorismen" denken:

„Als Pythagoras seinen bekannten Lehrsatz entdeckte, brachten seine Landsleute den Göttern eine Hekatombe (hundert Ochsen) dar. Seitdem zittern die Ochsen, so oft eine neue Wahrheit an das Licht kommt." Im vorliegenden Falle handelt es sich allerdings nicht um die Entdeckung neuer Wahrheiten; aber um so mehr Grund haben die Ochsen, zu zittern, sobald die Herren „Thierschützer" und Gegner der jüdischen Schlacht-methode eine neue Schlachtart „erfinden."

Druck von ... wski, Berlin.

www.ingramcontent.com/pod-product-compliance
Lightning Source LLC
Chambersburg PA
CBHW021820190326
41518CB00007B/673